Nussknacker 1

Mein Arbeitsheft

Ernst Klett Verlag
Stuttgart · Leipzig

Zahlen

○ **1**

1

6

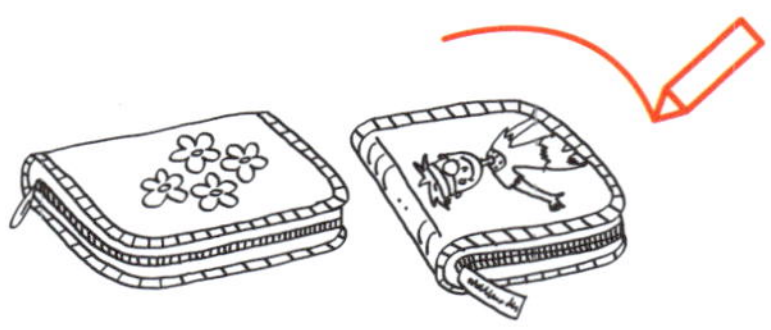

2

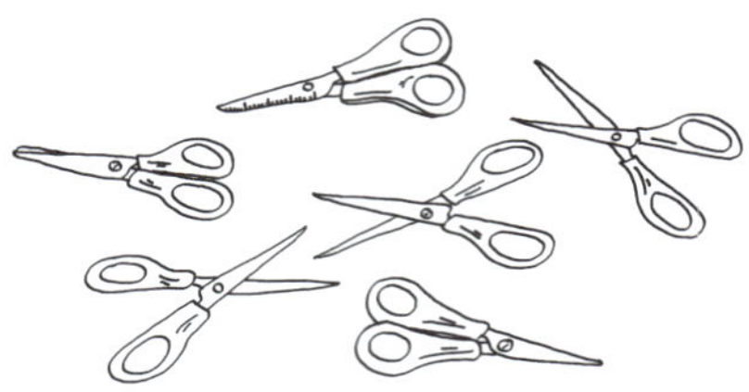

7

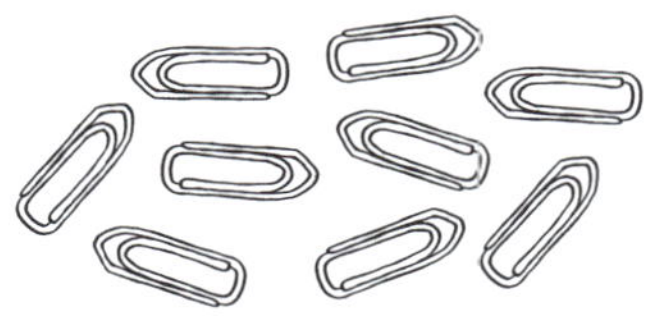

3

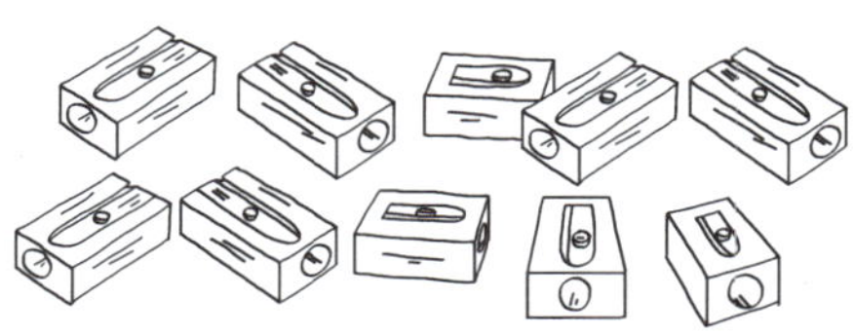

8

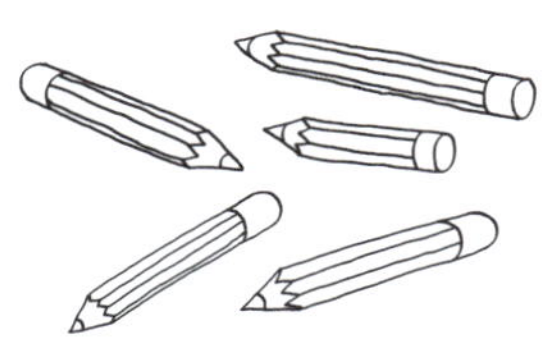

4

9

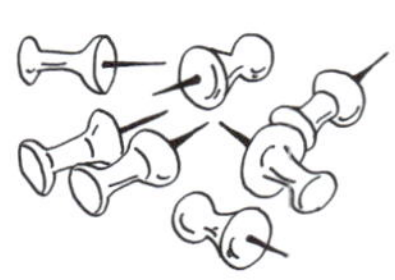

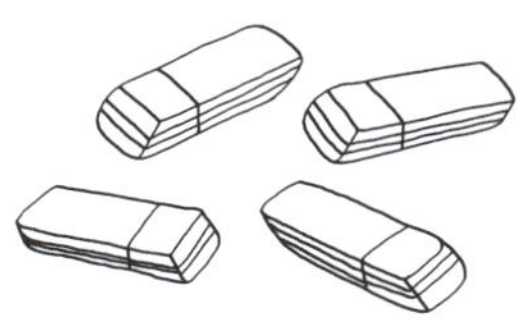

5

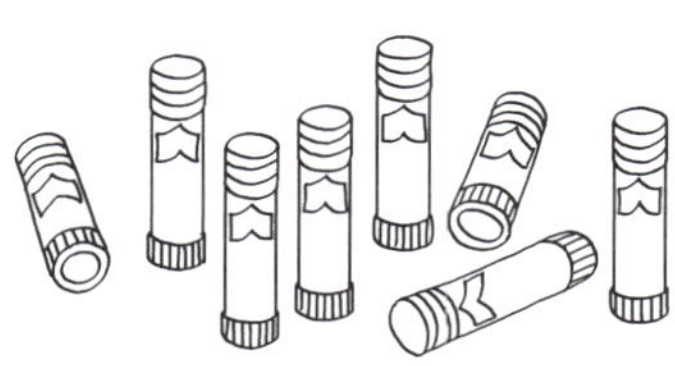

10

1 Die Mengen jeweils in einer anderen Farbe einkreisen und mit der passenden Zahl verbinden. Die Ziffern in der zugehörigen Farbe nachspuren.

→ Schülerbuch, Seiten 4/5

Formen

○ 1

○ 2

◒ 3

1 Geometrische Grundformen in unterschiedlicher Lage und Größe erkennen und in den entsprechenden Farben nachspuren. **2–3** Die Muster aus geometrischen Grundformen nachspuren.

→ Schülerbuch, Seiten 4/5

Lagebeziehungen

○ 1 Rechts oder links? Male aus.

○ 2

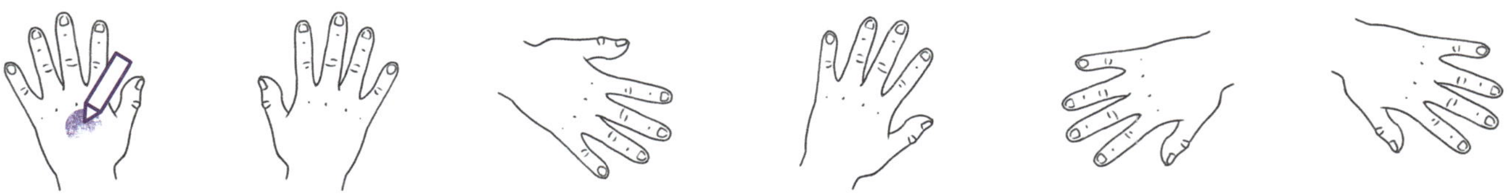

◒ 3 Was ist wo? Zeichne.

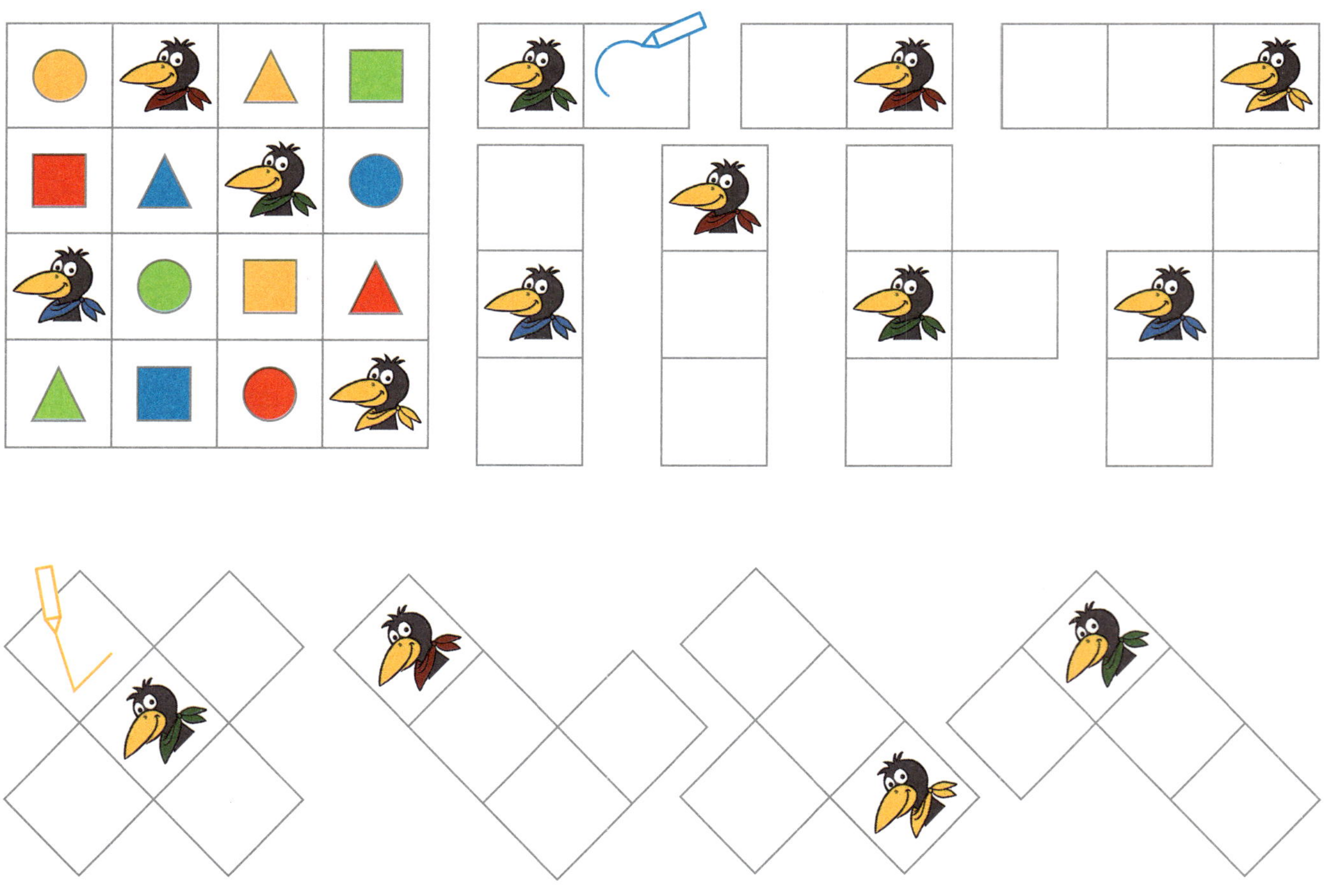

1 Richtungen (links, rechts) erkennen und Tiere in entsprechender Farbe ausmalen. 2 Auf die Hände einen entsprechend farbigen Punkt zeichnen. 3 Lagebeziehungen (über, unter, links von, rechts von, neben, zwischen) erfassen und die fehlenden Formen in der richtigen Farbe in die leeren Kästchen zeichnen.

→ Schülerbuch, Seiten 6/7

Die Zahlen 1 und 2

○ 1

1

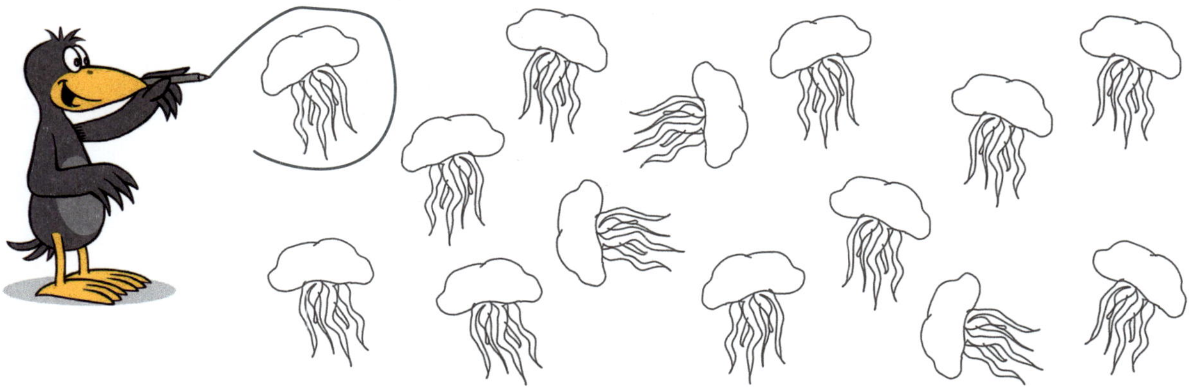

○ 2

○ 3

2

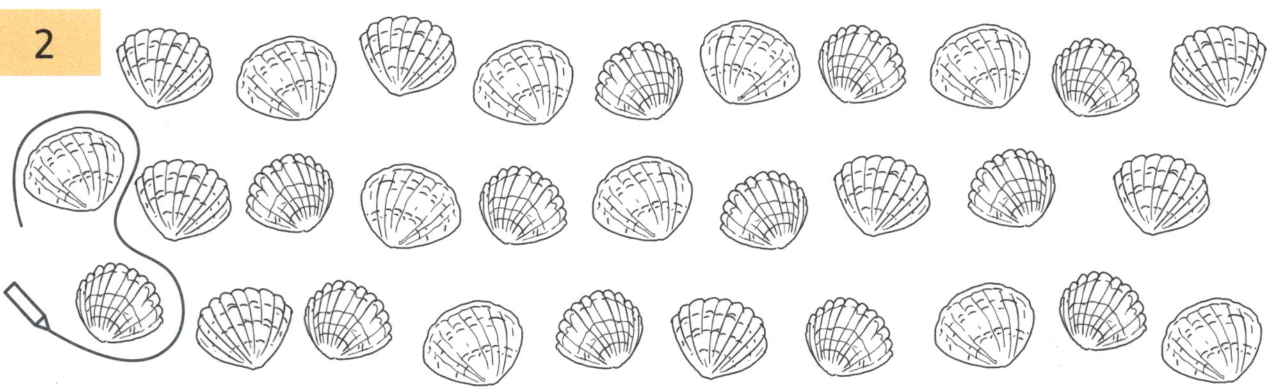

○ 4

1, 3 Immer die Anzahl 1 bzw. 2 einkreisen. **2, 4** Das Schreiben der Ziffern 1 und 2 durch Nachspuren der vorgegebenen Ziffern und freie Schreibübungen trainieren.

→ Schülerbuch, Seiten 8/9 (10)

Die Zahlen 3 und 4

○ **1** 3

○ **2**

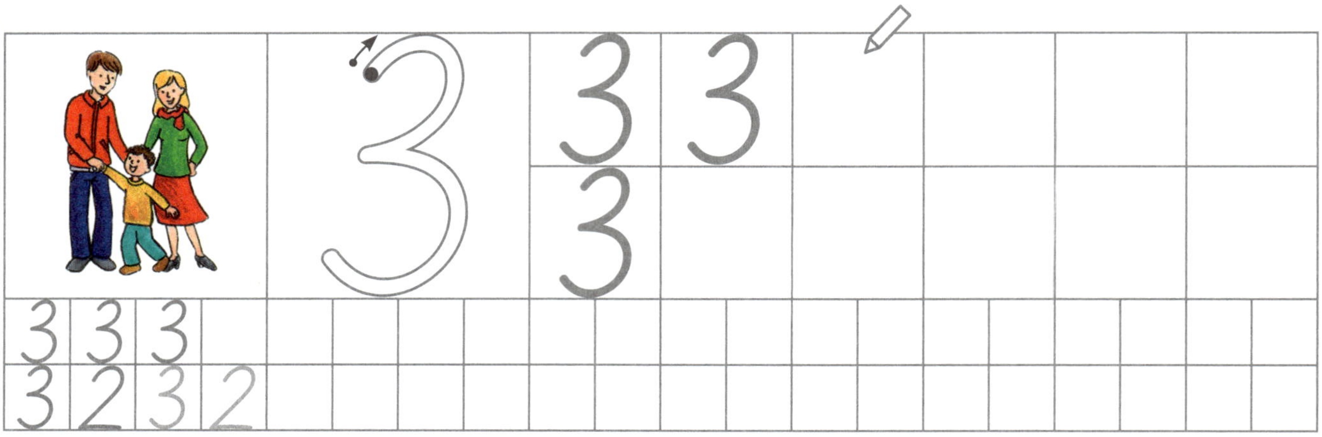

○ **3** 4

○ **4**

○ **5**

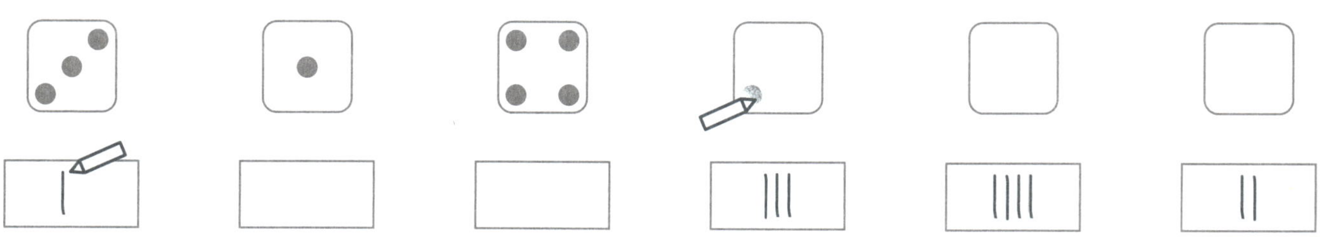

1, 3 Immer die Anzahl 3 bzw. 4 einkreisen. **2, 4** Das Schreiben der Ziffern 3 und 4 durch Nachspuren der vorgegebenen Ziffern und freie Schreibübungen trainieren. **5** Anzahlen auf den Würfelbildern als Strichliste notieren bzw. Strichlisten in Würfelbilder übertragen.

→ Schülerbuch, Seiten 8/9 (11)

Die Zahlen 5 und 6

○ **1** 5

○ **2**

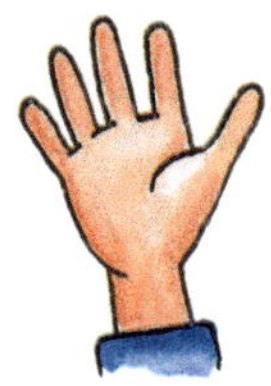

5 5 5

5 5

5 5 5

5 3 5 3

○ **3** 6

○ **4**

6 6 6

6 6

6 6 6

6 5 4 3 6 5 4 3

○ **5**

3 ☐ ☐ 4 6 1

1, 3 Immer die Anzahl 5 bzw. 6 einkreisen. 2, 4 Das Schreiben der Ziffern 5 und 6 durch Nachspuren der vorgegebenen Ziffern und freie Schreibübungen trainieren. 5 Anzahlen auf den Würfelbildern erkennen und entsprechende Zahl notieren bzw. vorgegebene Anzahlen in Würfelbilder übertragen.

→ Schülerbuch, Seiten 8/9 (12)

Die Zahlen 7 und 8

○ 1 7

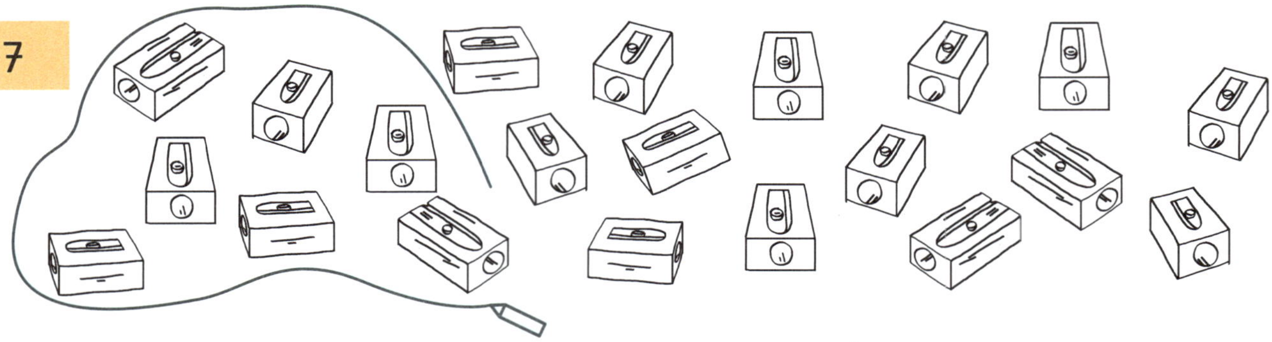

○ 2

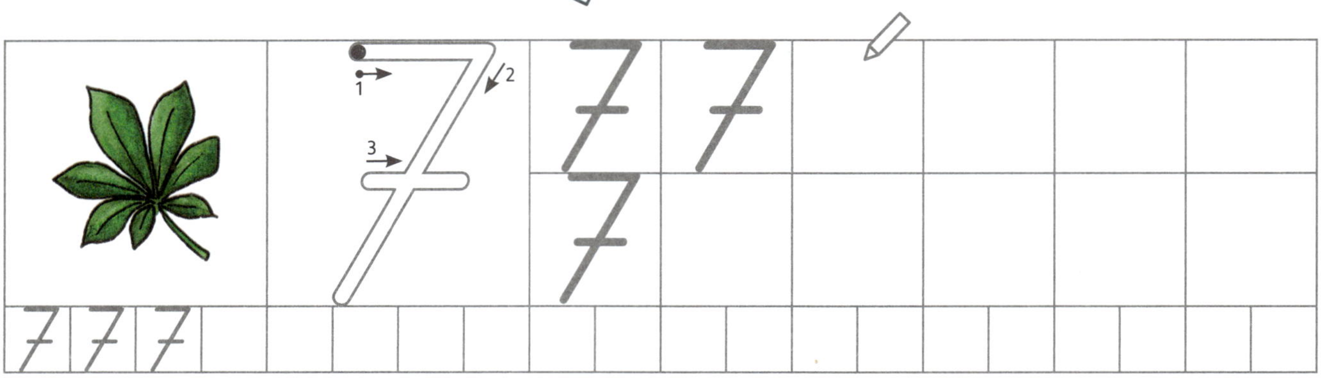

○ 3 8

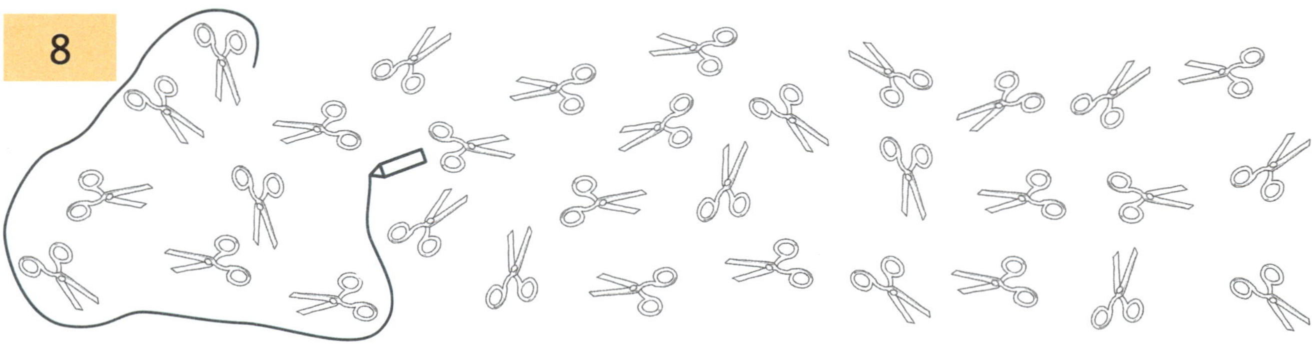

○ 4

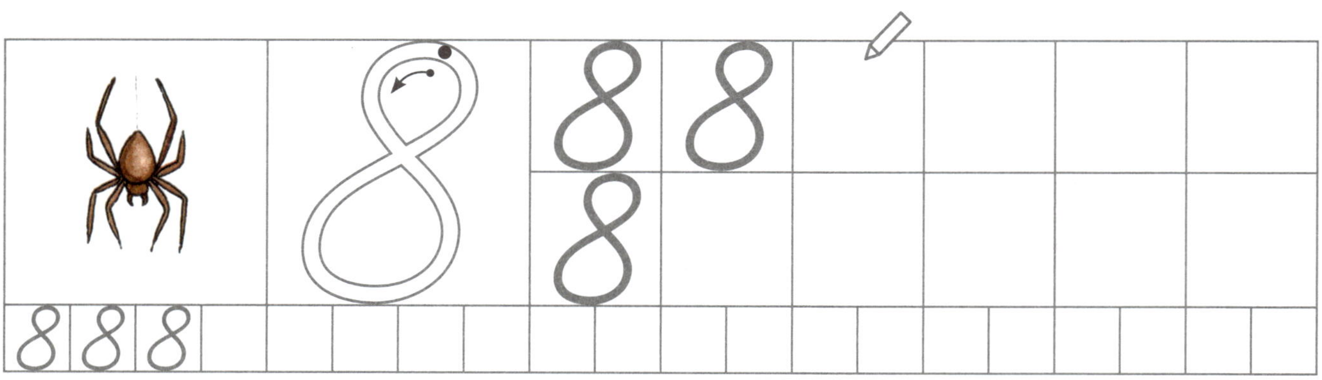

◒ 5

1 7 6 3 8

1, 3 Immer die Anzahl 7 bzw. 8 einkreisen. 2, 4 Das Schreiben der Ziffern 7 und 8 durch Nachspuren der vorgegebenen Ziffern und freie Schreibübungen trainieren. 5 Anzahlen durch beliebige Objekte zeichnerisch darstellen.

→ Schülerbuch, Seiten 8/9 (13)

Die Zahlen 9 und 10

○ **1** 9

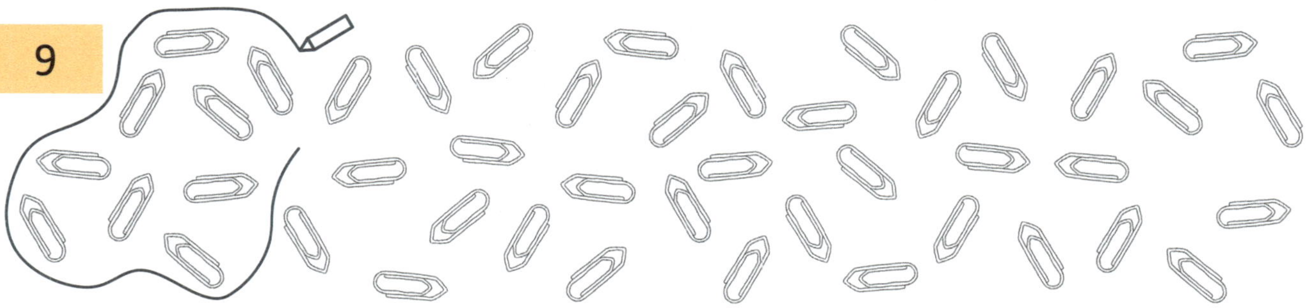

○ **2**

9 9 9

9

9 9 9

○ **3** 10

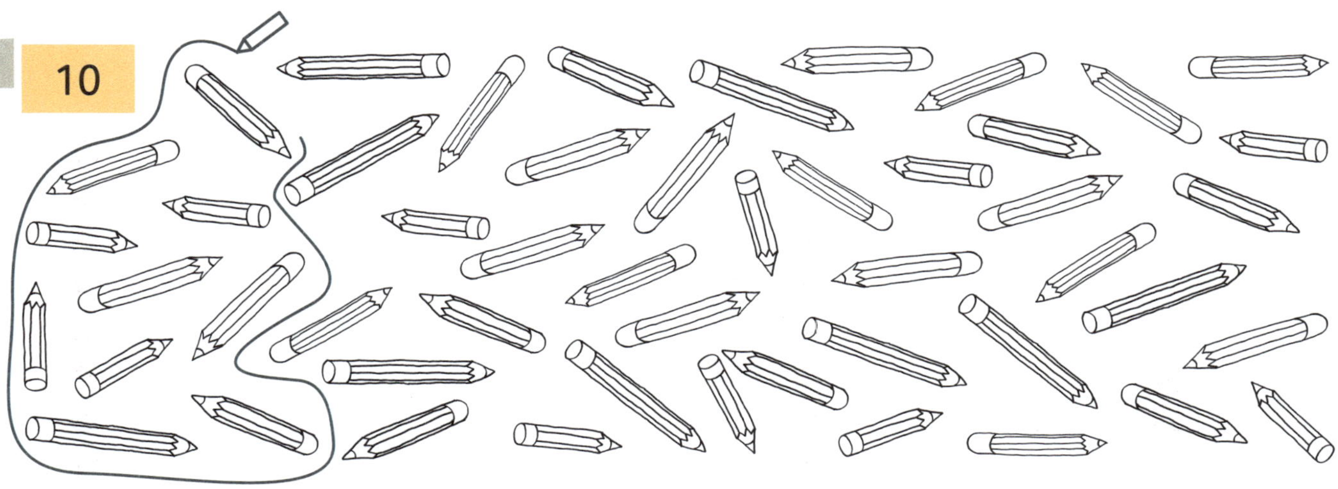

○ **4**

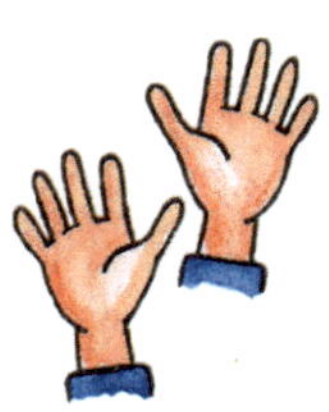

10 10 10

10

10 10

○ **5**

8					

1, 3 Immer die Anzahl 9 bzw. 10 einkreisen 2, 4 Das Schreiben der Ziffern 1, 9 und 0 durch Nachspuren der vorgegebenen Ziffern und freie Schreibübungen trainieren. 5 Anzahlen in den Fingerbildern erkennen und entsprechende Zahl notieren.

→ Schülerbuch, Seiten 8/9 (14/15)

Gleich viele – mehr – weniger

○ 1

○ 2 Wo ist mehr? Kreuze an.

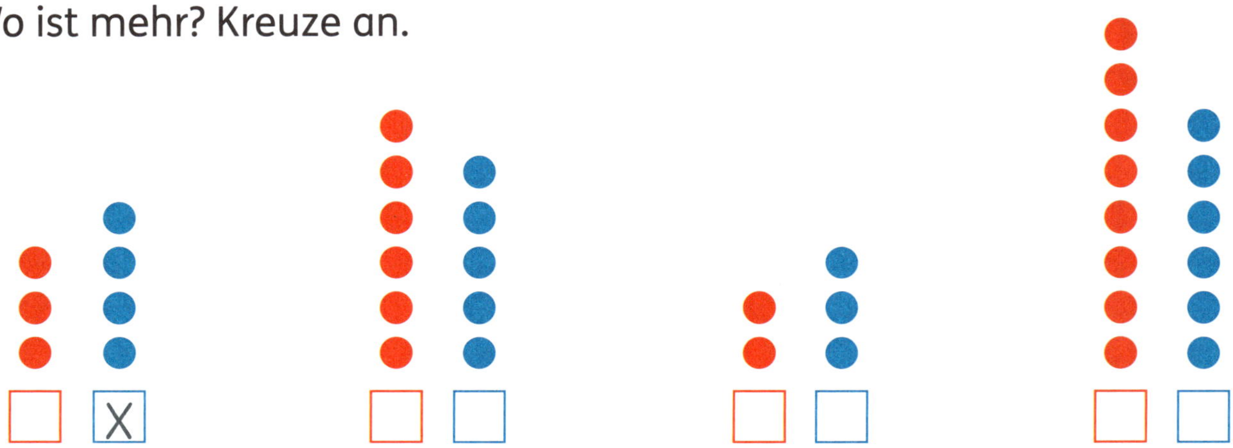

○ 3 Wo ist mehr? Kreuze an.

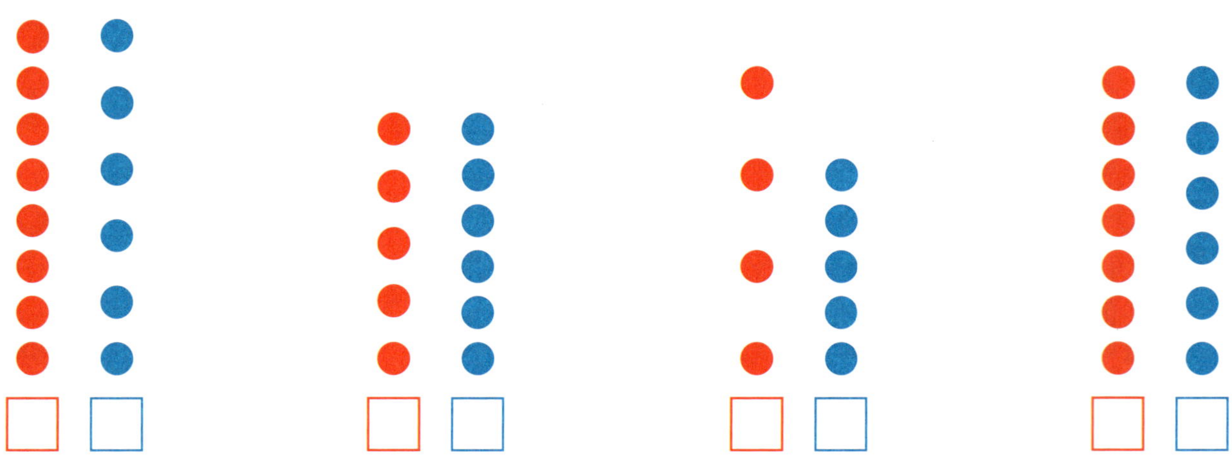

1 Mengen durch 1 : 1 Zuordnung vergleichen. 2 – 3 Mengen ggf. mithilfe der 1 : 1 Zuordnung durch Legen mit Plättchen oder Verbinden vergleichen. Entscheiden, wo mehr ist, und den entsprechenden Plättchenturm ankreuzen.

→ Schülerbuch, Seiten 10/11 S. 10

Anzahlen bestimmen und malen

○ **1**

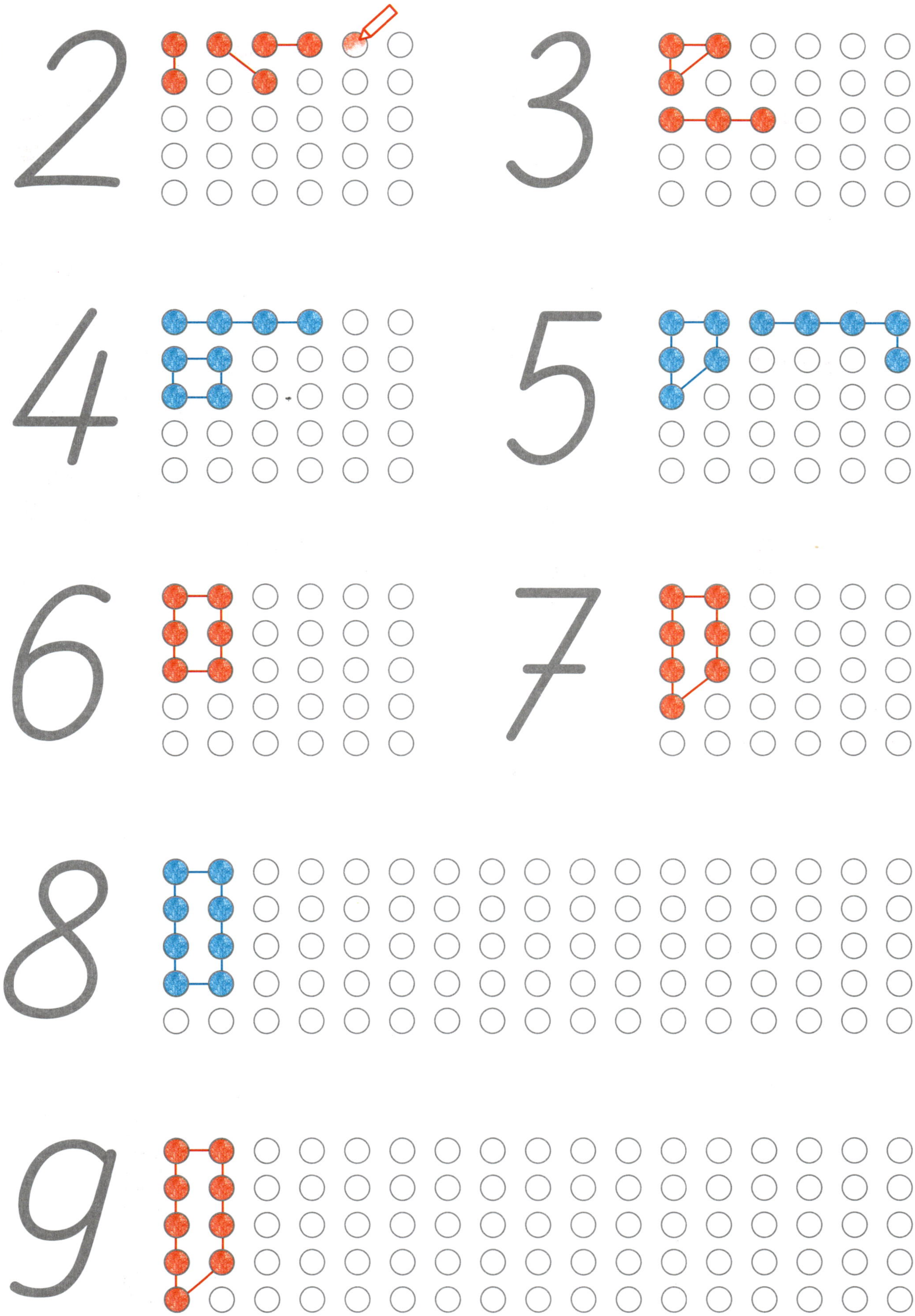

1 Immer die entsprechende Anzahl an Plättchen verbinden und ausmalen. Es sollen möglichst wenige Plättchen übrig bleiben. Es sind verschiedene Lösungen möglich.

→ Schülerbuch, Seite 12 14/9

Anzahlen geschickt erfassen

○ 1

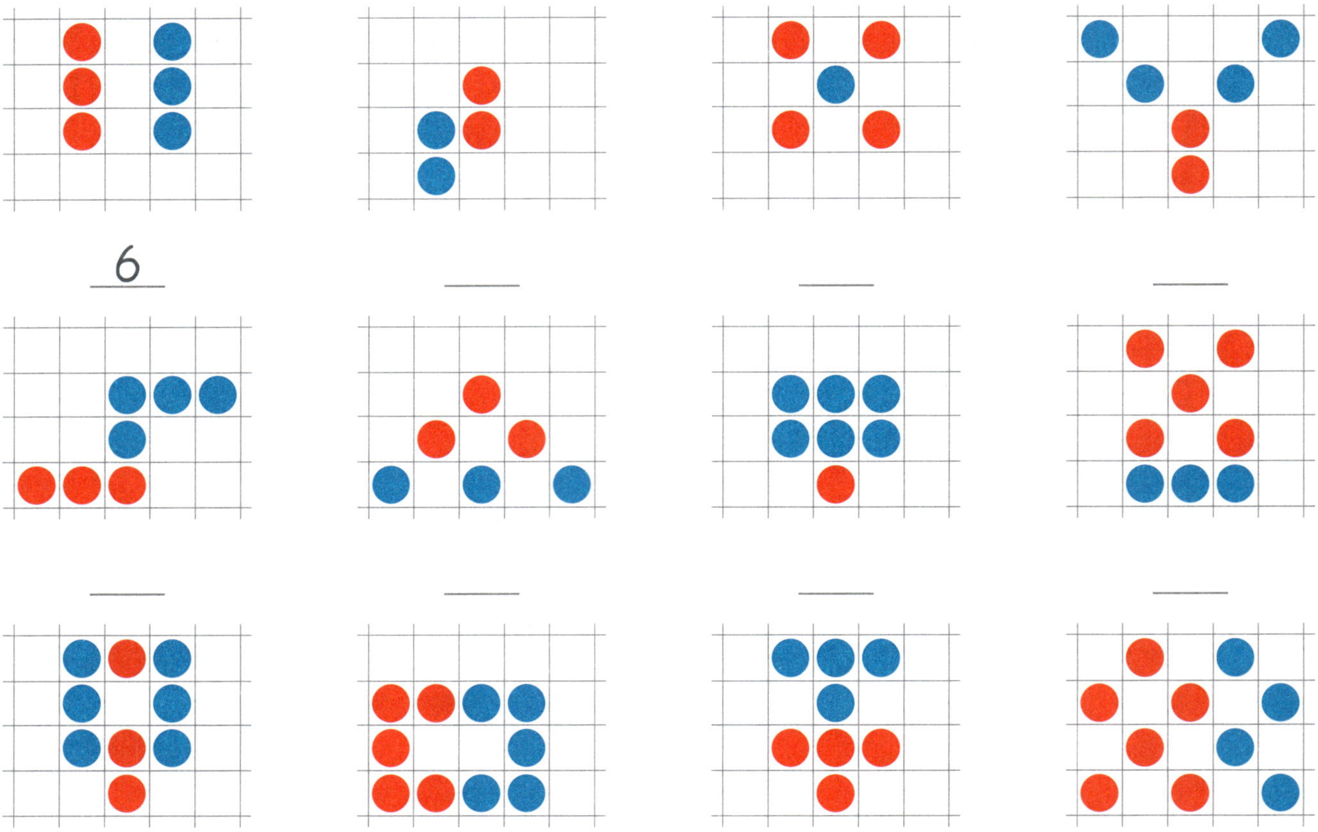

6

◒ 2

4 5 6 7

8 8 8 8

9 9 9  9

1 Anzahlen möglichst geschickt über Teilmengen erfassen und passende Zahlen notieren. 2 Mengenbilder zu den vorgegebenen Zahlen malen. Für die Zahlen 8 und 9 jeweils verschiedene Mengenbilder finden und malen. Es sind verschiedene Lösungen möglich.

→ Schülerbuch, Seiten 13 (alt: 15/10) S. 23

Zuerst 5 – Zehnerfeld

○ 1

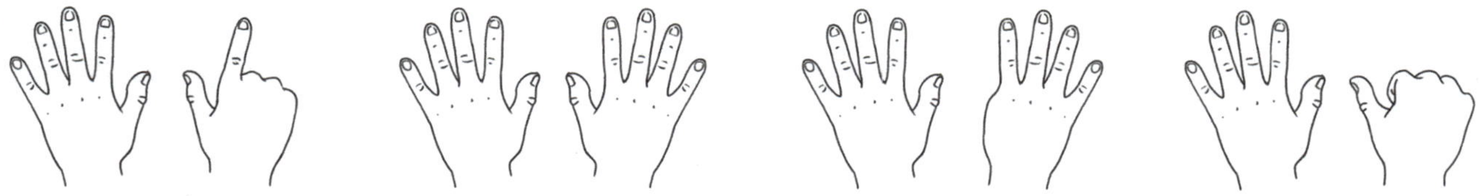

7			
5 + ___	___ ○ ___	___ ○ ___	___ ○ ___

○ 2

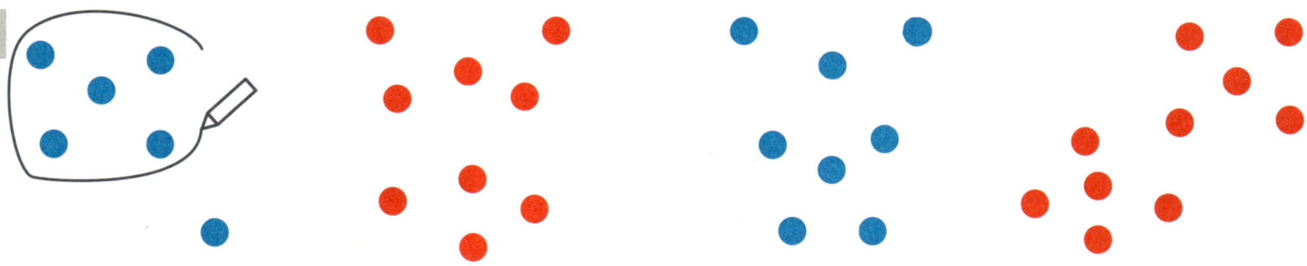

6			
5 + ___	___ ○ ___	___ ○ ___	___ ○ ___

○ 3

8	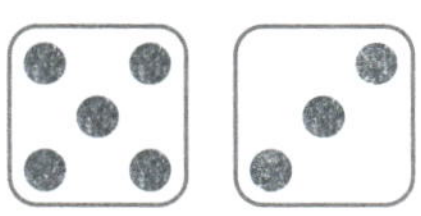	Zehnerfeld: 8 Plättchen	5 + ___
6			___ ○ ___
10			___ ○ ___
7			___ ○ ___
9			___ ○ ___

○ 4

||||̸ |||	||||̸ ||||̸			
5 + ___	___ ○ ___	5 + 1	5 + 2	___ ○ ___

1–2 Die Fünferbündelung als Strukturierungshilfe anwenden. 3–4 Den Zahlenraum bis 10 mithilfe der Fünfer strukturieren. Würfelbilder, Plättchen in Zehnerfeldern, Zahlzerlegungen und Strichlisten notieren.

→ Schülerbuch, Seiten 14/15

Mit Strichliste zählen

○ 1

	Strichliste	Anzahl
	||	2

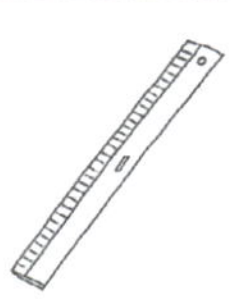		

	Strichliste	Anzahl
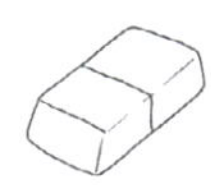		
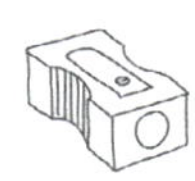		

1 Die Gegenstände auf dem Tisch zählen und die Anzahlen in den Tabellen als Strichliste erfassen. Die entsprechende Zahl notieren. In der Strichliste die Fünferbündelung beachten.

→ Schülerbuch, Seite 16 alt 12/7

Muster zeichnen und fortsetzen

○ **1** Lege und zeichne weiter.

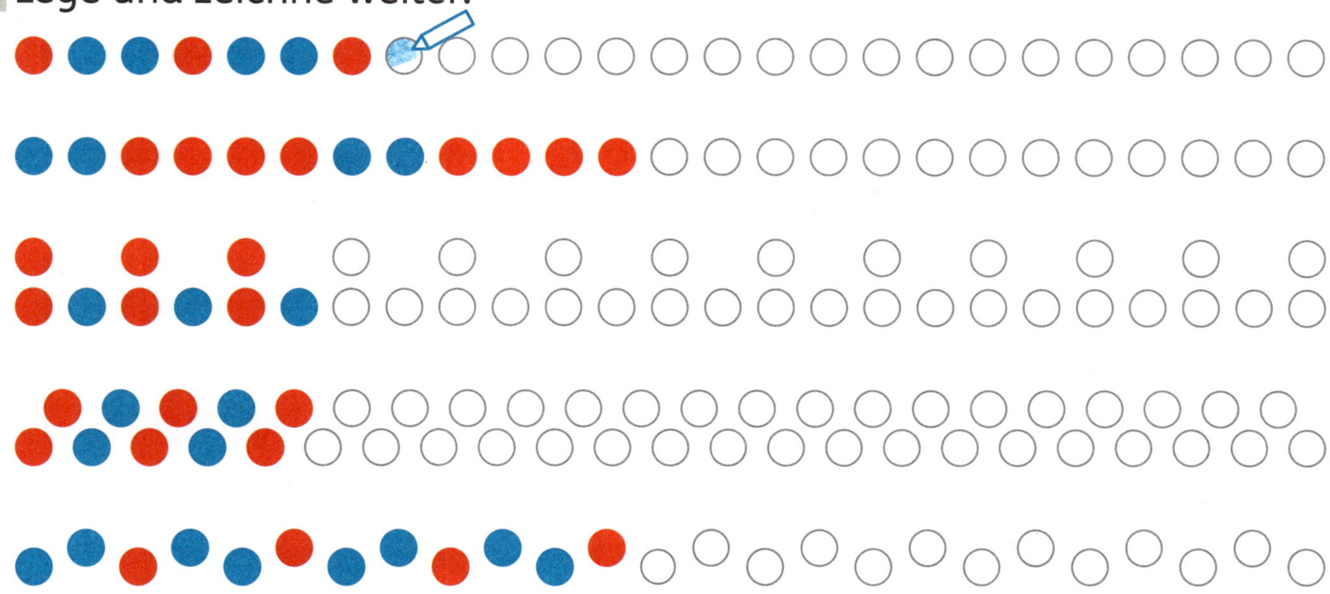

◒ **2** Erfinde eigene Muster.

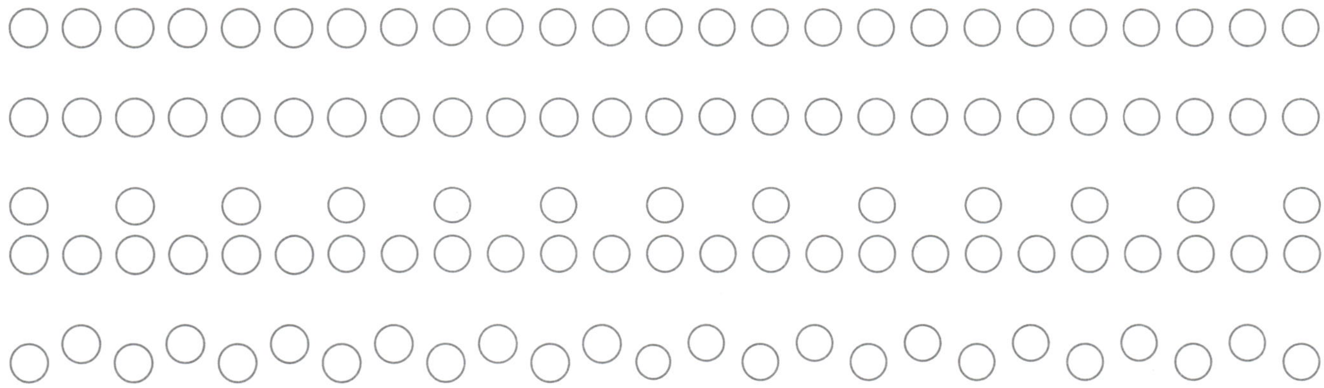

● **3**

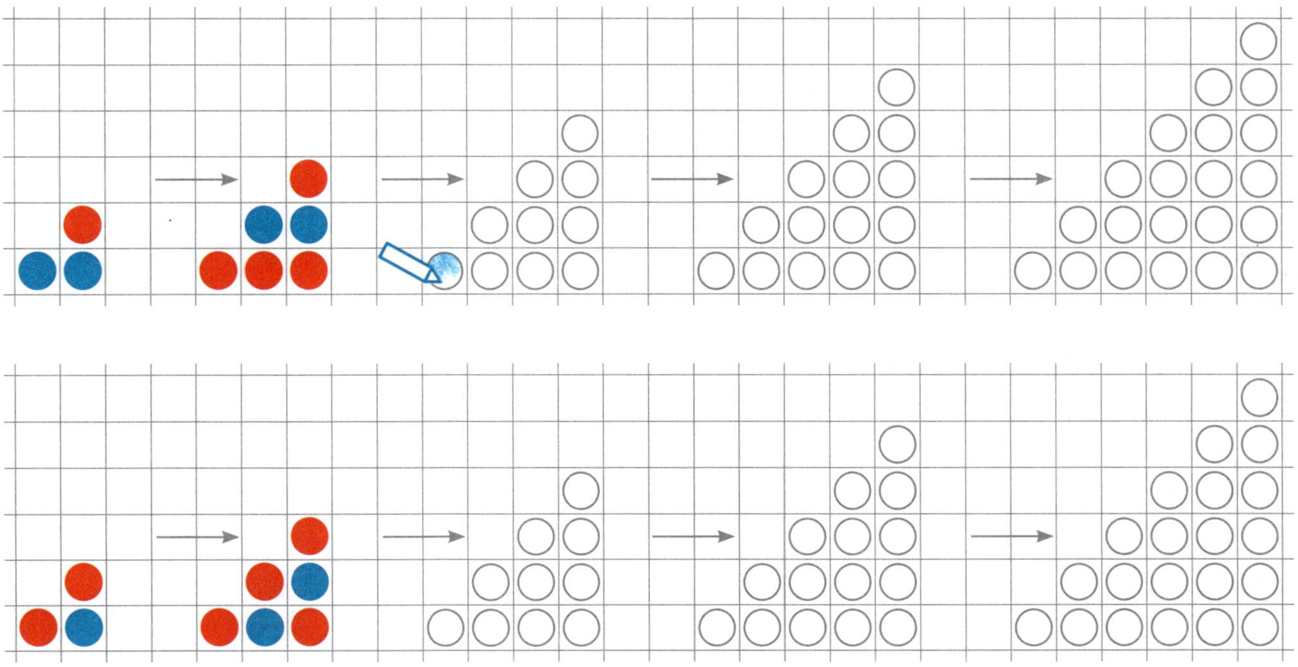

1, 3 Bildungsgesetz der Muster erkennen und Plättchen entsprechend ausmalen. Die Muster ggf. legen. **2** Eigene Muster erfinden.

→ Schülerbuch, Seite 17 | altes Buch S. 16 | AH 11

Nachbarzahlen bis 10

○ 1

	1	2								

1	2			4				7
	5			1		2		
	7			8				10

○ 2

Vorgänger	Zahl	Nachfolger
4	5	6
	6	
	7	
	8	

V	Z	N
3		
	9	
0		
		3

V	Z	N
		2
4		
		9
6		

◒ 3

V	Z	N
1		
		10
2		
		8

V	Z	N
		6
7		
		8
5		

V	Z	N
10		
	10	
11		
		17

V	Z	N
		12
12		
		16
13		

○ 4

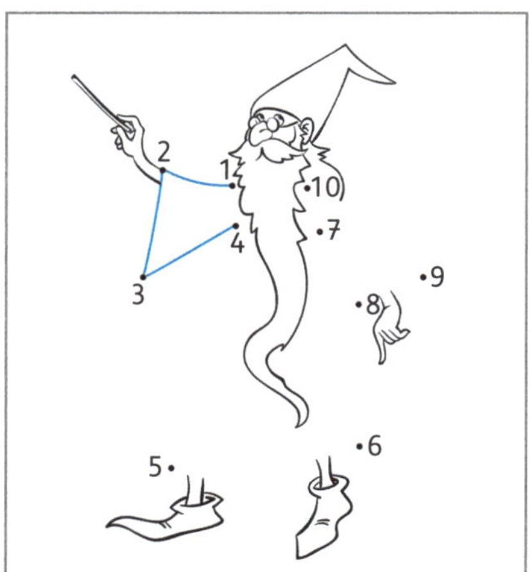

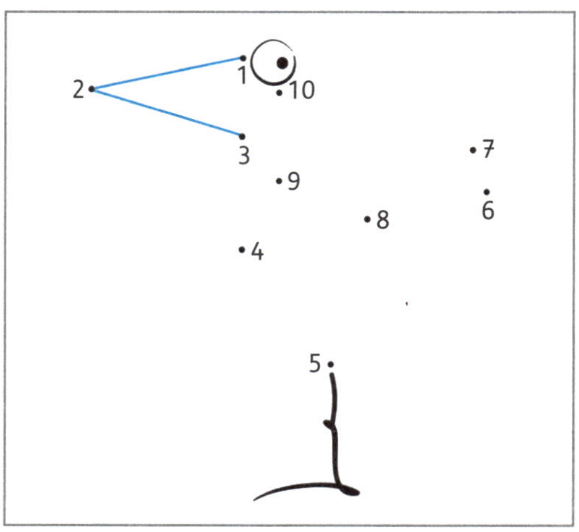

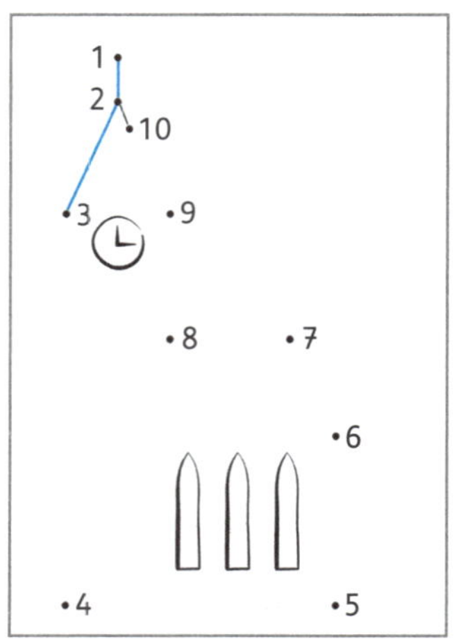

1 Die Zahlenreihe von 0 bis 10 und Ausschnitte der Zahlenreihe vervollständigen. 2–3 Die fehlenden Nachbarzahlen in den Tabellen ergänzen. 4 Die Zahlen jeweils der Reihe nach verbinden.

→ Schülerbuch, Seite 18

Ordnungszahlen bis 10

○ **1**

☐ ☐ 1. ☐ ☐ ☐

○ **2**

☐ ☐ ☐ ☐ 1. ☐

○ **3**

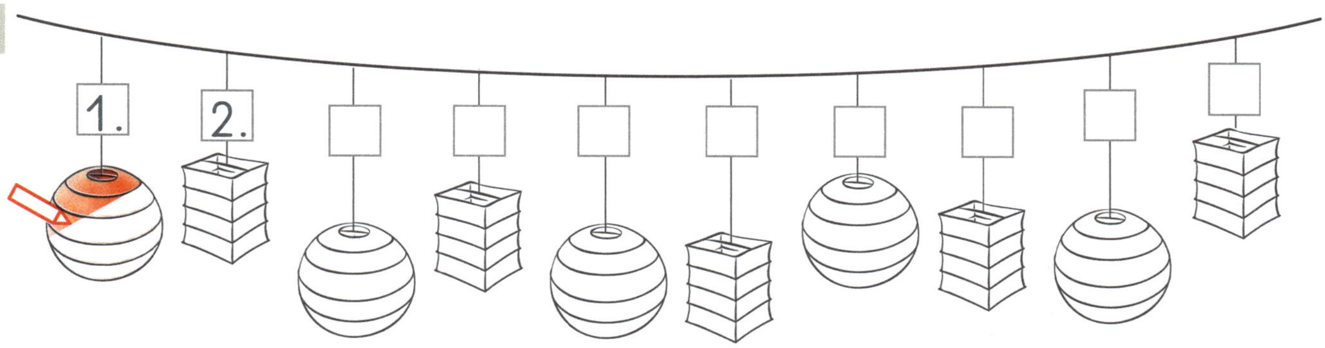

rot: 1. 4. 8. blau: 3. 5. 7. 9. gelb: 2. 6. 10.

○ **4**

☐ ☐ ☐ ☐ ☐ ☐ ☐ ☐ 2. 1.

rot: 2. 4. 7. blau: 1. 6. 8. 10. gelb: 3. 5. 9.

1–2 Die Reihenfolge, in der die Bilder gezeichnet werden, erkennen und mit Ordnungszahlen notieren. **3–4** Ordnungszahlen eintragen und Laternen bzw. Kappen in den richtigen Farben ausmalen.

→ Schülerbuch, Seite 19

Zahlen bis 10 vergleichen

○ **1**

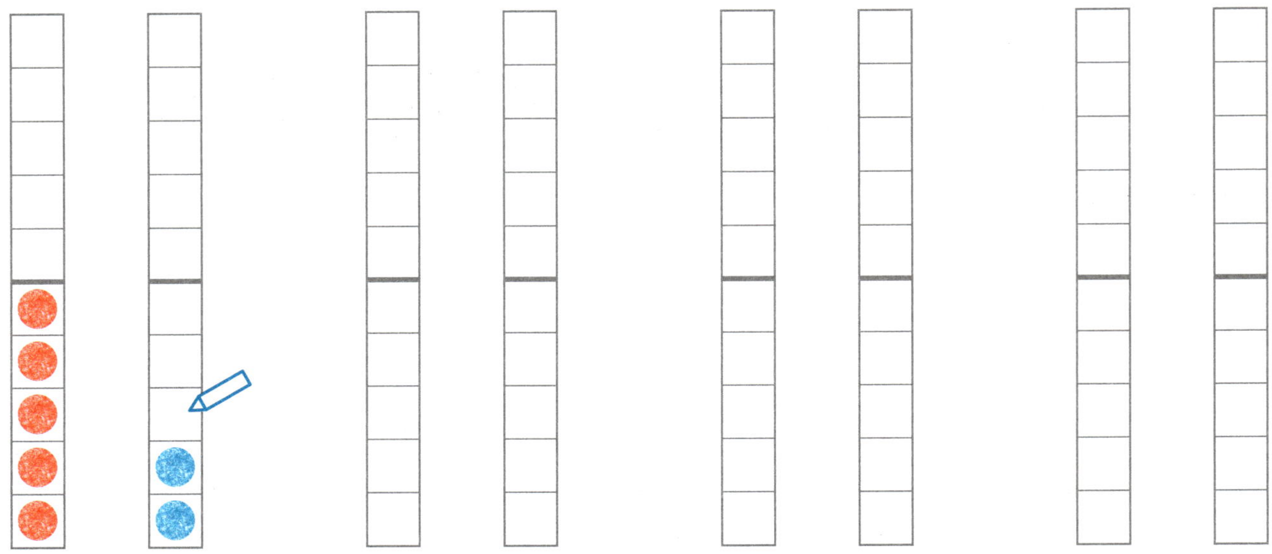

5 ○ 3   2 ○ 7   6 ○ 6   9 ○ 8

○ **2**

||	卌	|||	|	||||	||||	卌	卌|
2	⧀ 5	___ ○	___	___ ○	___	___ ○	___

卌||	卌||	卌|	|||	||||	卌	卌|||	卌||||
___ ○	___	___ ○	___	___ ○	___	___ ○	___

○ **3**

1 ⧀ 3	7 ○ 9	10 ○ 3	0 ○ 6
2 ○ 3	7 ○ 8	10 ○ 0	1 ○ 1
3 ○ 3	7 ○ 7	6 ○ 2	8 ○ 9
4 ○ 3	7 ○ 6	9 ○ 3	5 ○ 10
5 ○ 3	7 ○ 5	4 ○ 8	2 ○ 1

● **4**

2 = ____	5 = ____	9 = ____	7 = ____	____ = ____
2 < ____	5 < ____	9 < ____	7 < ____	____ < ____
2 < ____	5 < ____	9 > ____	7 < ____	____ < ____
2 > ____	5 > ____	9 > ____	7 > ____	____ > ____
____ > ____	____ > ____	____ > ____	____ > ____	____ > ____

1 Anzahl der Plättchen entsprechend der Vorgabe in die Zehnerfelder einzeichnen. Anzahlen vergleichen und passende Relationszeichen eintragen. 2 Entsprechende Zahlen notieren und vergleichen. 3 Zahlen vergleichen und passende Relationszeichen eintragen. 4 Fehlende Zahlen eintragen. Es sind teilweise verschiedene Lösungen möglich.

→ Schülerbuch, Seite 21

Zahlen bis 10 zerlegen

○ **1**

7

4 ⊕

○ **2**

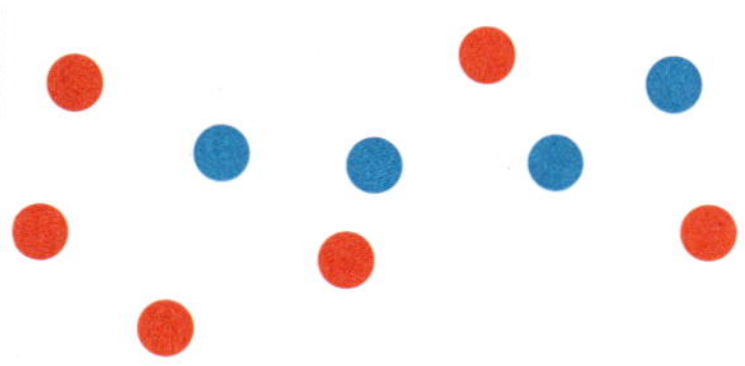

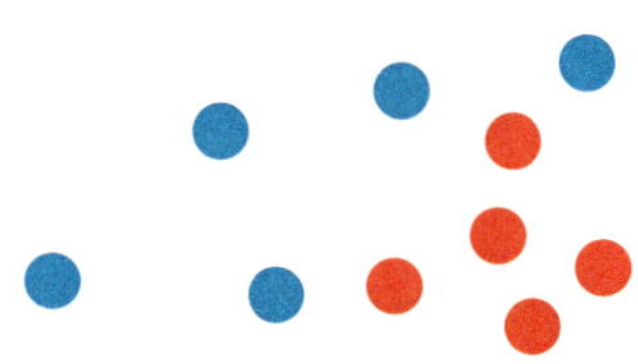

10

6 ⊕

◒ **3** Male.

10

4 ⊕

9

⊕

1–2 Die passenden Zahlzerlegungen notieren. 3 Zahlzerlegungen malen und notieren. Es sind verschiedene Lösungen möglich.

→ Schülerbuch, Seiten 22/23

Mit der Schüttelbox zerlegen

1

6

3 + ___ | ___ ◯ ___ | 2 + ___ | 5 + ___

8

___ ◯ ___ | ___ ◯ ___ | 1 + ___ | 0 + ___

2

7 | 7 | 7 | 7

5 + ___ | ___ ◯ ___ | ___ ◯ ___ | ___ ◯ ___

9 | 9 | 9 | 9

___ ◯ ___ | ___ ◯ ___ | ___ ◯ ___ | ___ ◯ ___

3

5 | 5 | 5 | 5

___ + 2 | ___ + 4 | ___ + 5 | ___ + 1

10 | 10 | 10 | 10

___ + 5 | ___ + 4 | ___ + 2 | ___ + 9

4

___ | ___ | ___ | ___

2 + ___ | ___ + ___ | ___ + ___ | ___ + ___

1 Angezeigte Zerlegungen notieren. 2 Die Anzahl der verdeckten Perlen bestimmen und Zerlegungen notieren. 3 Die Anzahl der nicht verdeckten Perlen bestimmen, einzeichnen und Zerlegungen notieren. 4 Zerlegungen zu selbst gewählten Zahlen zeichnen und notieren.

→ Schülerbuch, Seiten 24/25

Zahlzerlegungen ordnen

○ 1

5

5 + 0
___ + ___
___ + ___
___ + ___
___ + ___
___ + ___

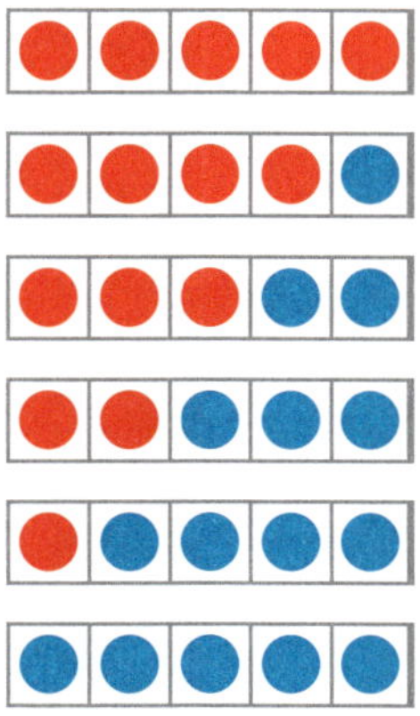

4

___ + ___
___ + ___
___ + ___
___ + ___
___ + ___

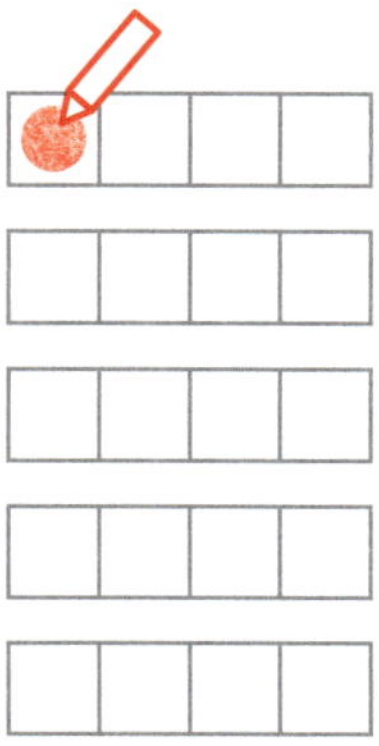

2

___ + ___
___ + ___
___ + ___

3

___ + ___
___ + ___
___ + ___
___ + ___

◒ 2

7

7 + 0
6 + ___
5 + ___
___ + ___
___ + ___
___ + ___
___ + ___
___ + ___

9

9 + ___
8 + ___
___ + ___
___ + ___
___ + ___
___ + ___
___ + ___
___ + ___
___ + ___
___ + ___

6

6 + ___
___ + ___
___ + ___
___ + ___
___ + ___
___ + ___
___ + ___

10

___ + ___
___ + ___
___ + ___
___ + ___
___ + ___
___ + ___
___ + ___
___ + ___
___ + ___
___ + ___
___ + ___

1 Die Plättchen systematisch färben und Zerlegungen notieren. 2 Die Zahlzerlegungen systematisch notieren.

→ Schülerbuch, Seiten 26/27

Wiederholung

○ **1** Links oder rechts? Male aus.

○ **2**

5 3 6

4 9 7

8 0 10

○ **3**

V	Z	N
4	5	6
	2	
	9	
	6	
	8	

V	Z	N
8		
		7
2		
		9
4		

V	Z	N
		8
7		
		2
		3
		4

V	Z	N
6		
	3	
	1	
		6
5		

◒ **4**

2 5 2 5

0 8 0 8

9 6 9 6

1 4 7 5 1 4 7 5

1 Jeweils die Hand, in der die Kinder den Schläger halten, bestimmen und das Kästchen lila für links bzw. rot für rechts ausmalen. 2 Anzahlen in die Zehnerfelder einzeichnen. 3 Nachbarzahlen in den Tabellen ergänzen. 4 Muster in den Zahlenfolgen erkennen und fortsetzen. **Selbsteinschätzung:** Den entsprechenden Raben am Seitenanfang ankreuzen.

→ Schülerbuch, Seiten 28/29

Knobeln mit Formen

○ **1** Knack den Tresor.

◒ **2** Knack den Tresor. Finde jeweils 2 Lösungen.

1–2 Die Muster so ergänzen, dass entweder in einer Reihe nur eine Form (z. B. Kreise) oder nur eine Farbe (z. B. nur rote Formen) vorkommt. **2** Hier jeweils 2 verschiedene Lösungen finden. Die erste Lösung in den oberen, die zweite Lösung in den unteren Tresor einzeichnen.

→ Schülerbuch, Seite 31

Plus: Es werden mehr

○ **1**

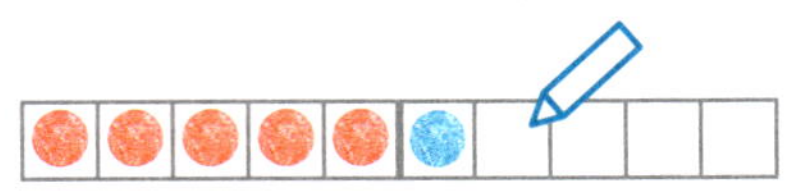

5 + ___ = ___

○ **2**

2 + ___ = ___

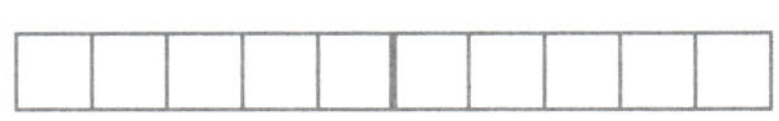

___ + ___ = ___

___ + ___ = ___

◒ **3**

___ + ___ = ___

___ + ___ = ___

___ + ___ = ___

___ + ___ = ___

___ + ___ = ___

___ + ___ = ___

1 In der Abfolge der Bilder die Addition als Vereinigen bzw. Hinzufügen erkennen, die Aufgabe mit roten und blauen Plättchen in das Zehnerfeld einzeichnen und die Additionsaufgabe notieren. 2 Jeweils die Additionsaufgabe im Bild erkennen, zeichnen und notieren. 3 Zu jedem Bild jeweils 2 Additionsaufgaben finden und notieren.

→ Schülerbuch, Seiten 32/33

Plusaufgaben finden

○ 1

1 + ___ = ___

___ + ___ = ___

___ + ___ = ___

___ + ___ = ___

___ + ___ = ___

___ + ___ = ___

○ 2

1 + ___ = ___

___ + ___ = ___

___ + ___ = ___

___ + ___ = ___

___ + ___ = ___

___ + ___ = ___

○ 3

7 + 2 = ___

4 + 6 = ___

3 + 7 = ___

4 + 0 = ___

1 + 5 = ___

6 + 3 = ___

1 Additionsaufgaben im Bild finden und farbig einkreisen. Das Kästchen in der zugehörigen Farbe ausmalen und die entsprechende Aufgabe mit Plättchen nachlegen, in das Zehnerfeld einzeichnen und notieren. **2** Dargestelle Aufgaben mit Plättchen nachlegen und notieren. **3** Additionsaufgaben einzeichnen und lösen.

→ Schülerbuch, Seite 34

Plusaufgaben üben

○ **1** Rechne und kontrolliere. Eine Lösungszahl bleibt jeweils übrig.

4 + 4 = 8	1 + 1 = ___	3 + 5 = ___	3 + 4 = ___
3 + 0 = ___	7 + 0 = ___	8 + 0 = ___	5 + 0 = ___
0 + 1 = ___	1 + 6 = ___	1 + 2 = ___	9 + 1 = ___
2 + 1 = ___	2 + 3 = ___	1 + 5 = ___	5 + 5 = ___
6 + 2 = ___	0 + 5 = ___	0 + 3 = ___	1 + 4 = ___
1 1 3 3 ~~8~~ 8	2 2 5 5 7 7	3 3 6 6 8 8	5 5 7 7 10 10

○ **2**

2 + 5 = ___	7 + 1 = ___	5 + 4 = ___	4 + 2 = ___
0 + 2 = ___	1 + 9 = ___	2 + 7 = ___	5 + 3 = ___
6 + 3 = ___	3 + 2 = ___	4 + 6 = ___	6 + 0 = ___
0 + 7 = ___	3 + 7 = ___	0 + 0 = ___	1 + 7 = ___
8 + 1 = ___	4 + 1 = ___	6 + 4 = ___	4 + 3 = ___
2 2 7 7 9 9	5 5 8 8 10 10	0 0 9 9 10 10	6 6 7 7 8 8

◒ **3** Male richtig aus.

3 + 6 | 1 + 8 | 3 + 3 | 3 + 1 | 4 + 2

2 + 2 | 4 + 5 | 6 + 0 | 4 + 0

7 + 2

0 + 4

1 + 3 | 2 + 4 | 2 + 7 | 5 + 1 | 0 + 9 | 0 + 6

3 + 4 | ___ + ___ | ___ + ___ | ___ + ___ | ___ + ___

1 + 2 + 1 | 6 + 2 + 1 | 3 + 1 + 2 | 3 + 0 + 1

1–2 Die Additionsaufgaben lösen und mit den grünen Lösungszahlen kontrollieren. Pro Päckchen bleibt eine Lösungszahl übrig. 3 Aufgabenkarten mit der jeweiligen Farbe der Lösung ausmalen. Auf den gelben Aufgabenkarten Additionsaufgaben mit dem Ergebnis 7 notieren.

→ Schülerbuch, Seite 35

Tauschaufgaben

○ **1**

4 + 2 = ___
2 + 4 = ___

1 + 4 = ___
4 + 1 = ___

6 + 2 = ___
2 + 6 = ___

7 + 1 = ___
___ + 7 = ___

2 + 5 = ___
___ + 2 = ___

10 + 0 = ___
___ + 10 = ___

○ **2**

1 + 8 = ___
8 + ___

3 + 7 = ___

2 + 3 = ___

0 + 3 = ___

6 + 4 = ___

2 + 8 = ___

0 + 5 = ___

3 + 6 = ___

◒ **3**

3 + 4 =
4 + 3 =

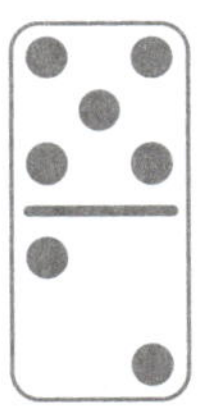

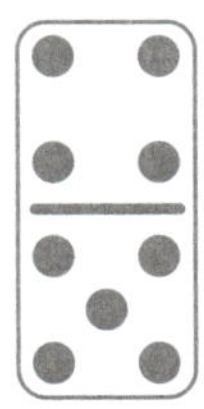

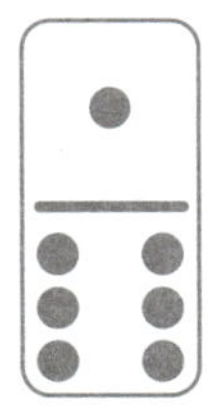

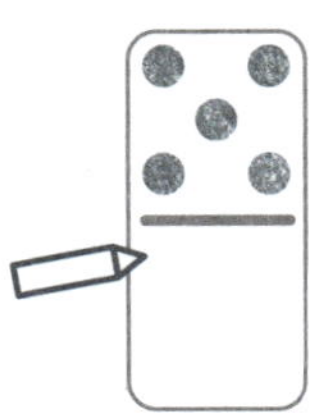

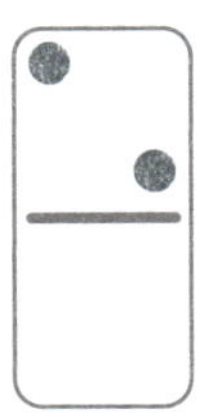

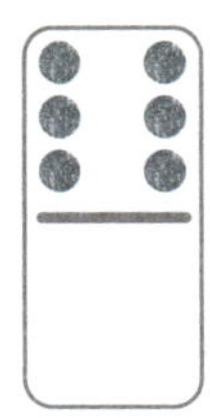

1 Aufgabe und Tauschaufgabe legen, zeichnen und notieren. 2 Jeweils die Tauschaufgabe bilden und notieren. Beide Aufgaben lösen. 3 Additionsaufgaben auf den Dominosteinen notieren. Dominostein in der Vorstellung (oder durch Drehen des Heftes) kippen und entsprechende Tauschaufgabe notieren. Eigene Aufgaben finden, malen und notieren.

→ Schülerbuch, Seite 36

Aufgabenrollen

○ **1** Rechne und setze fort.

2 + 1 = ___	3 + 0 = ___
3 + 1 = ___	3 + 1 = ___
4 + 1 = ___	3 + 2 = ___
5 + 1 = ___	3 + 3 = ___
6 + ___ = ___	___ + ___ = ___
___ + ___ = ___	___ + ___ = ___
___ + ___ = ___	___ + ___ = ___

◒ **2**

9 + 1 = ___	2 + 8 = ___	8 + 0 = ___
8 + 2 = ___	3 + 7 = ___	7 + 1 = ___
7 + 3 = ___	4 + 6 = ___	6 + 2 = ___
6 + 4 = ___	5 + 5 = ___	5 + 3 = ___
___ + ___ = ___	___ + ___ = ___	___ + ___ = ___
___ + ___ = ___	___ + ___ = ___	___ + ___ = ___
___ + ___ = ___	___ + ___ = ___	___ + ___ = ___
___ + ___ = ___	___ + ___ = ___	___ + ___ = ___

● **3**

2 + 2 = ___	0 + 5 = ___	6 + 2 = ___
4 + 2 = ___	2 + 5 = ___	___ + ___ = ___
6 + 2 = ___	4 + 4 = ___	___ + ___ = ___
8 + 2 = ___	6 + 4 = ___	___ + ___ = ___
10 + ___ = ___	8 + 3 = ___	___ + ___ = ___
___ + ___ = ___	___ + ___ = ___	___ + ___ = ___
___ + ___ = ___	___ + ___ = ___	___ + ___ = ___
___ + ___ = ___	___ + ___ = ___	___ + ___ = ___

1–3 Aufgaben in den Aufgabenrollen lösen. Die arithmetischen Muster entdecken und fortführen. In der letzten Aufgabenrolle der Seite ein eigenes arithmetisches Muster finden und notieren.

→ Schülerbuch, Seite 37

Plusaufgaben und Ergänzen üben

○ 1 Ergänze und kontrolliere. Eine Lösungszahl bleibt jeweils übrig.

2 + 3 = 5	2 + ___ = 8	2 + ___ = 7	6 + ___ = 10
1 + ___ = 8	4 + ___ = 8	4 + ___ = 10	1 + ___ = 4
0 + ___ = 3	7 + ___ = 9	9 + ___ = 9	2 + ___ = 10
3 + ___ = 8	5 + ___ = 7	5 + ___ = 10	0 + ___ = 8
2 + ___ = 9	3 + ___ = 7	2 + ___ = 8	7 + ___ = 10
~~3~~ 3 5 5 7 7	2 2 4 4 6 6	0 0 5 5 6 6	3 3 4 4 8 8

◒ 2

1 + 0 + 2 = ___	1 + 1 + 3 = ___	4 + 1 + 4 = ___
1 + 5 + 1 = ___	1 + 2 + 2 = ___	2 + 5 + 3 = ___
3 + 2 + 0 = ___	1 + 0 + 1 = ___	7 + 0 + 2 = ___
2 + 4 + 1 = ___	5 + 2 + 2 = ___	1 + 6 + 3 = ___
0 + 2 + 1 = ___	3 + 2 + 4 = ___	0 + 5 + 3 = ___
3 3 5 5 7 7	2 2 5 5 9 9	8 8 9 9 10 10

● 3

3 + 2 + ___ = 8	4 + 1 + ___ = 10	2 + ___ + 4 = 9
4 + 0 + ___ = 8	2 + 0 + ___ = 10	1 + ___ + 2 = 9
2 + 5 + ___ = 8	3 + 6 + ___ = 10	8 + ___ + 0 = 9
1 + 6 + ___ = 8	5 + 4 + ___ = 10	3 + ___ + 4 = 9

◒ 4

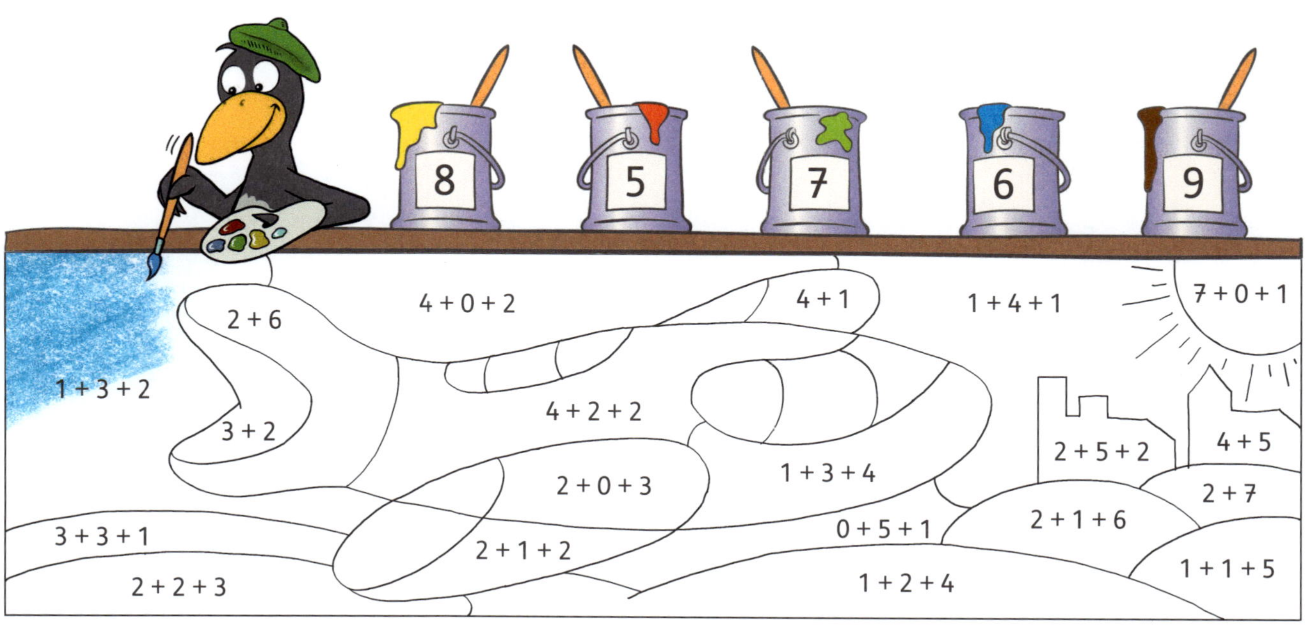

1 Ergänzungsaufgaben lösen und mit den Lösungszahlen kontrollieren. Pro Päckchen bleibt eine Lösungszahl übrig.
2–3 Additionsaufgaben mit 3 Summanden lösen. 4 Felder mit der jeweiligen Farbe der Lösung ausmalen.

→ Schülerbuch, Seite 39

Minus: Es werden weniger

○ **1**

6 – ___ = ___

○ **2**

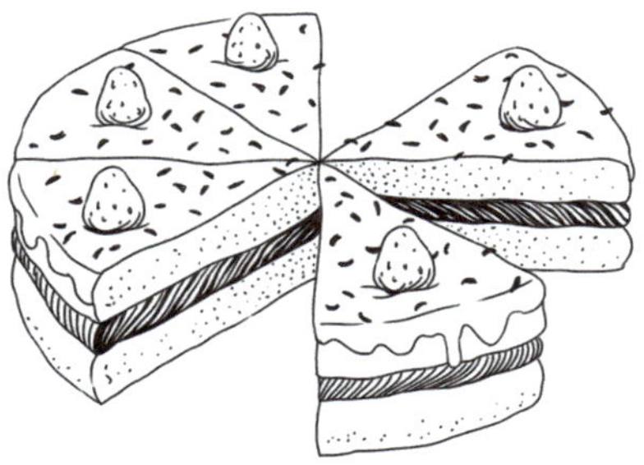

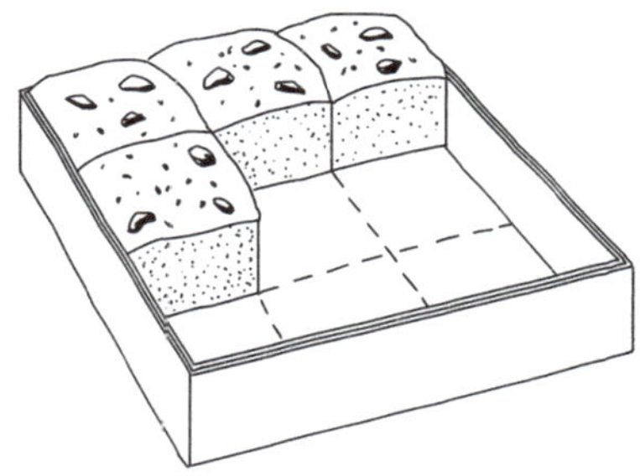

8 – ___ = ___

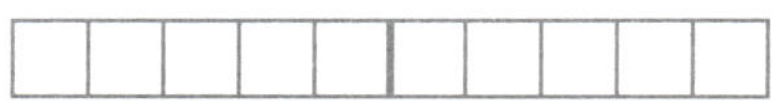

___ – ___ = ___

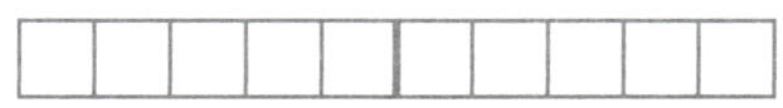

___ – ___ = ___

◒ **3**

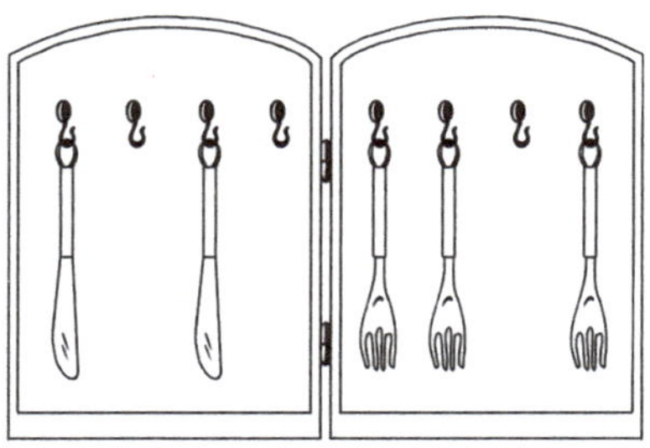

___ – ___ = ___

___ – ___ = ___

___ – ___ = ___

___ – ___ = ___

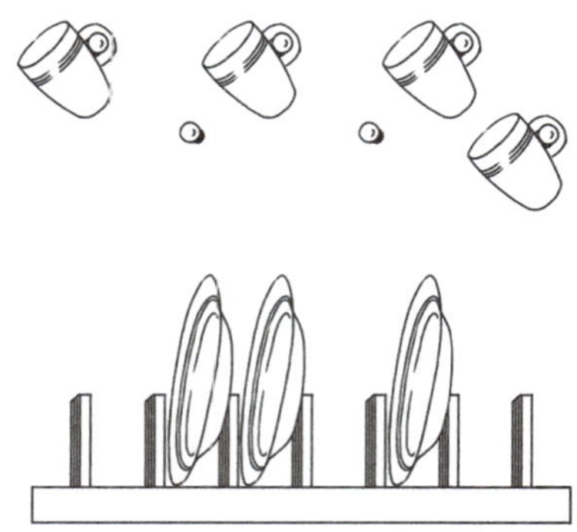

___ – ___ = ___

___ – ___ = ___

1 In der Abfolge der Bilder die Subtraktion als Wegnehmen bzw. Bestimmen des Unterschieds erkennen, die Aufgabe mit roten Plättchen in das Zehnerfeld einzeichnen und Subtraktionsaufgabe notieren. **2** Jeweils die Subtraktionsaufgabe im Bild erkennen, zeichnen und notieren. **3** Zu jedem Bild jeweils 2 Subtraktionsaufgaben finden und notieren.

→ Schülerbuch, Seiten 40/41

Minusaufgaben finden

○ 1

___ – ___ = ___　　___ – ___ = ___　　___ – ___ = ___

___ – ___ = ___　　___ – ___ = ___　　___ – ___ = ___

○ 2

5 – ___ = ___　　___ – ___ = ___　　___ – ___ = ___

___ – ___ = ___　　___ – ___ = ___　　___ – ___ = ___

○ 3

10 – 6 = ___　　8 – 6 = ___　　9 – 5 = ___

6 – 0 = ___　　5 – 2 = ___　　7 – 3 = ___

1 Subtraktionsaufgaben im Bild finden und farbig einkreisen. Das Kästchen in der zugehörigen Farbe ausmalen und die entsprechende Aufgabe mit Plättchen nachlegen, in das Zehnerfeld einzeichnen und notieren. 2 Dargestellte Aufgaben mit Plättchen nachlegen und notieren. 3 Subtraktionsaufgaben einzeichnen und lösen.

→ Schülerbuch, Seite 42

Minusaufgaben üben

○ **1** Rechne und kontrolliere. Eine Lösungszahl bleibt jeweils übrig.

7 − 1 = 6	5 − 2 = ___	10 − 2 = ___	8 − 2 = ___
8 − 4 = ___	4 − 1 = ___	8 − 6 = ___	4 − 4 = ___
4 − 0 = ___	9 − 2 = ___	7 − 2 = ___	10 − 1 = ___
9 − 8 = ___	3 − 3 = ___	8 − 3 = ___	9 − 3 = ___
6 − 0 = ___	8 − 1 = ___	2 − 0 = ___	8 − 8 = ___
1 1 4 4 ~~6~~ 6	0 0 3 3 7 7	2 2 5 5 8 8	0 0 6 6 9 9

○ **2**

8 − 7 = ___	7 − 4 = ___	1 − 1 = ___	7 − 6 = ___
1 − 0 = ___	7 − 7 = ___	5 − 4 = ___	5 − 5 = ___
7 − 3 = ___	6 − 2 = ___	2 − 2 = ___	9 − 7 = ___
7 − 0 = ___	0 − 0 = ___	5 − 0 = ___	6 − 6 = ___
9 − 5 = ___	4 − 1 = ___	6 − 5 = ___	5 − 3 = ___
1 1 4 4 7 7	0 0 3 3 4 4	0 0 1 1 5 5	0 0 1 1 2 2

◒ **3** Male richtig aus.

6 − 3 | 7 − 2 | 3 − 1 | 9 − 4 | 3 − 0

8 − 5 | 6 − 4 | 10 − 7 | 8 − 6

10 − 5

7 − 5

7 − 4 | 10 − 8 | 6 − 1 | 4 − 2 | 9 − 6 | 8 − 3

8 − 2 | ___ − ___ | ___ − ___ | ___ − ___ | ___ − ___

9 − 3 − 3 | 8 − 1 − 2 | 10 − 0 − 8 | 9 − 2 − 2

1–2 Die Subtraktionsaufgaben lösen und mit den grünen Lösungszahlen kontrollieren. Pro Päckchen bleibt eine Lösungszahl übrig. 3 Aufgabenkarten mit der jeweiligen Farbe der Lösung ausmalen. Auf den gelben Aufgabenkarten Subtraktionsaufgaben mit dem Ergebnis 6 notieren.

→ Schülerbuch, Seite 43

Umkehraufgaben

○ **1**

7 − 3 = ___
___ + 3 = ___

6 − 5 = ___
___ + 5 = ___

7 − 7 = ___
___ + ___ = ___

○ **2**

7 − 6 = 1	5 − 4 = ___	6 − 4 = ___	9 − 2 = ___
1 + ___	___	___	___
8 − 0 = ___	10 − 9 = ___	9 − 5 = ___	8 − 8 = ___
___	___	___	___

○ **3**

5 + 2 = ___
___ − 2 = ___

1 + 7 = ___
___ − 7 = ___

0 + 10 = ___
___ − ___ = ___

○ **4**

6 + 4 = 10	7 + 3 = ___	5 + 5 = ___	2 + 4 = ___
10 − ___	___	___	___
3 + 4 = ___	3 + 6 = ___	0 + 5 = ___	8 + 2 = ___
___	___	___	___

○ **5** Verbinde jede Plusaufgabe mit ihrer Umkehraufgabe.

3 + 5 = 8

5 + 3 = ___

8 − 2 = ___

5 − 3 = ___

8 − 3 = ___

2 + 6 = ___

8 − 5 = ___

2 + 3 = ___

5 − 2 = ___

3 + 2 = ___

8 − 6 = ___

6 + 2 = ___

1, 3 Jeweils Aufgabe und Umkehraufgabe legen, zeichnen und notieren. 2, 4 Jeweils die Aufgabe lösen und mit der Umkehraufgabe kontrollieren. 5 Jede Additionsaufgabe lösen und mit ihrer Umkehraufgabe verbinden und kontrollieren.

→ Schülerbuch, Seite 44

Aufgabenrollen

○ **1** Rechne und setze fort.

7 – 7 = ___
7 – 6 = ___
7 – 5 = ___
7 – 4 = ___
7 – ___ = ___
___ – ___ = ___
___ – ___ = ___

8 – 2 = ___
7 – 2 = ___
6 – 2 = ___
5 – 2 = ___
___ – ___ = ___
___ – ___ = ___
___ – ___ = ___

10 – 0 = ___
10 – 1 = ___
10 – 2 = ___
10 – 3 = ___
___ – ___ = ___
___ – ___ = ___
___ – ___ = ___

◒ **2**

8 – 6 = ___
7 – 5 = ___
6 – 4 = ___
5 – 3 = ___
___ – ___ = ___
___ – ___ = ___
___ – ___ = ___

1 – 1 = ___
2 – 2 = ___
3 – 3 = ___
4 – 4 = ___
___ – ___ = ___
___ – ___ = ___
___ – ___ = ___

10 – 1 = ___
9 – 2 = ___
10 – 3 = ___
9 – 4 = ___
___ – ___ = ___
___ – ___ = ___
___ – ___ = ___

● **3**

9 – 1 = ___
9 – 3 = ___
8 – 1 = ___
8 – 3 = ___
7 – ___ = ___
___ – ___ = ___
___ – ___ = ___
___ – ___ = ___

10 – 0 = ___
7 – 0 = ___
10 – 1 = ___
7 – 1 = ___
10 – 2 = ___
___ – ___ = ___
___ – ___ = ___
___ – ___ = ___

8 – 2 = ___
___ – ___ = ___
___ – ___ = ___
___ – ___ = ___
___ – ___ = ___
___ – ___ = ___
___ – ___ = ___

1–3 Aufgaben in den Aufgabenrollen lösen. Die arithmetischen Muster entdecken und fortführen. In der letzten Aufgabenrolle der Seite ein eigenes arithmetisches Muster finden und notieren.

→ Schülerbuch, Seite 45

Zahlenmauern

○ 1

7 / 5 | 2	_ / 1 | 6	_ / 6 | 4	_ / 2 | 3	_ / 3 | 6
_ / 1 | 4	_ / 5 | 5	_ / 0 | 8	_ / 1 | 9	
_ / 2 | 2	_ / 2 | 4	_ / 10 | 0	_ / 8 | 2	

◒ 2

7 / 2 | _	6 / 3 | _	9 / 7 | _	5 / 4 | _	10 / 3 | _
6 / 0 | _	5 / 1 | _	7 / 7 | _	12 / 6 | _	13 / 10 | _

◒ 3

3 / _ | 1	8 / _ | 7	9 / _ | 2	7 / _ | 1	10 / _ | 6
8 / _ | 3	9 / _ | 9	5 / _ | 0	13 / _ | 8	11 / _ | 7

● 4 Finde alle Zahlenmauern, die du mit diesen 6 Zahlen bilden kannst.

7, 4, 1, 10, 5, 3

4 / 1 | 3	_ / _ | _	_ / _ | _	_ / _ | _
_ / _ | _	_ / _ | _	_ / _ | _	_ / _ | _

1 Fehlende Zahlen mithilfe der Addition ermitteln und in die Zahlenmauern eintragen. 2–3 Fehlende Zahlen mithilfe der Subtraktion ermitteln und in die Zahlenmauern eintragen. 4 Aus den 6 Zahlen verschiedene Zahlenmauern mit je 3 Steinen bilden. Alle 8 Möglichkeiten notieren.

→ Schülerbuch, Seite 46

Minus- und Platzhalteraufgaben üben

○ **1** Rechne und kontrolliere. Eine Lösungszahl bleibt jeweils übrig.

8 − 1 = 7	9 − ___ = 1	___ − 1 = 8	___ − 5 = 2
1 − ___ = 0	7 − ___ = 7	___ − 4 = 4	___ − 9 = 0
7 − ___ = 3	6 − ___ = 2	___ − 2 = 4	___ − 3 = 7
7 − ___ = 0	0 − ___ = 0	___ − 0 = 6	___ − 6 = 4
9 − ___ = 5	8 − ___ = 0	___ − 2 = 6	___ − 2 = 7
1 ~~1~~ 4 4 7 7	0 0 4 4 8 8	6 6 8 8 9 9	7 7 9 9 10 10

● **2**

6 − 2 − 2 = ___	9 − 1 − 1 = ___	10 − 3 − ___ = 3
9 − 1 − 2 = ___	6 − 3 − 2 = ___	10 − 2 − ___ = 2
7 − 0 − 3 = ___	8 − 0 − 1 = ___	10 − 2 − ___ = 7
8 − 3 − 1 = ___	9 − 2 − 3 = ___	10 − 4 − ___ = 5
9 − 5 − 2 = ___	5 − 3 − 1 = ___	10 − 6 − ___ = 0
2 2 4 4 6 6	1 1 4 4 7 7	1 1 4 4 6 6

◒ **3**

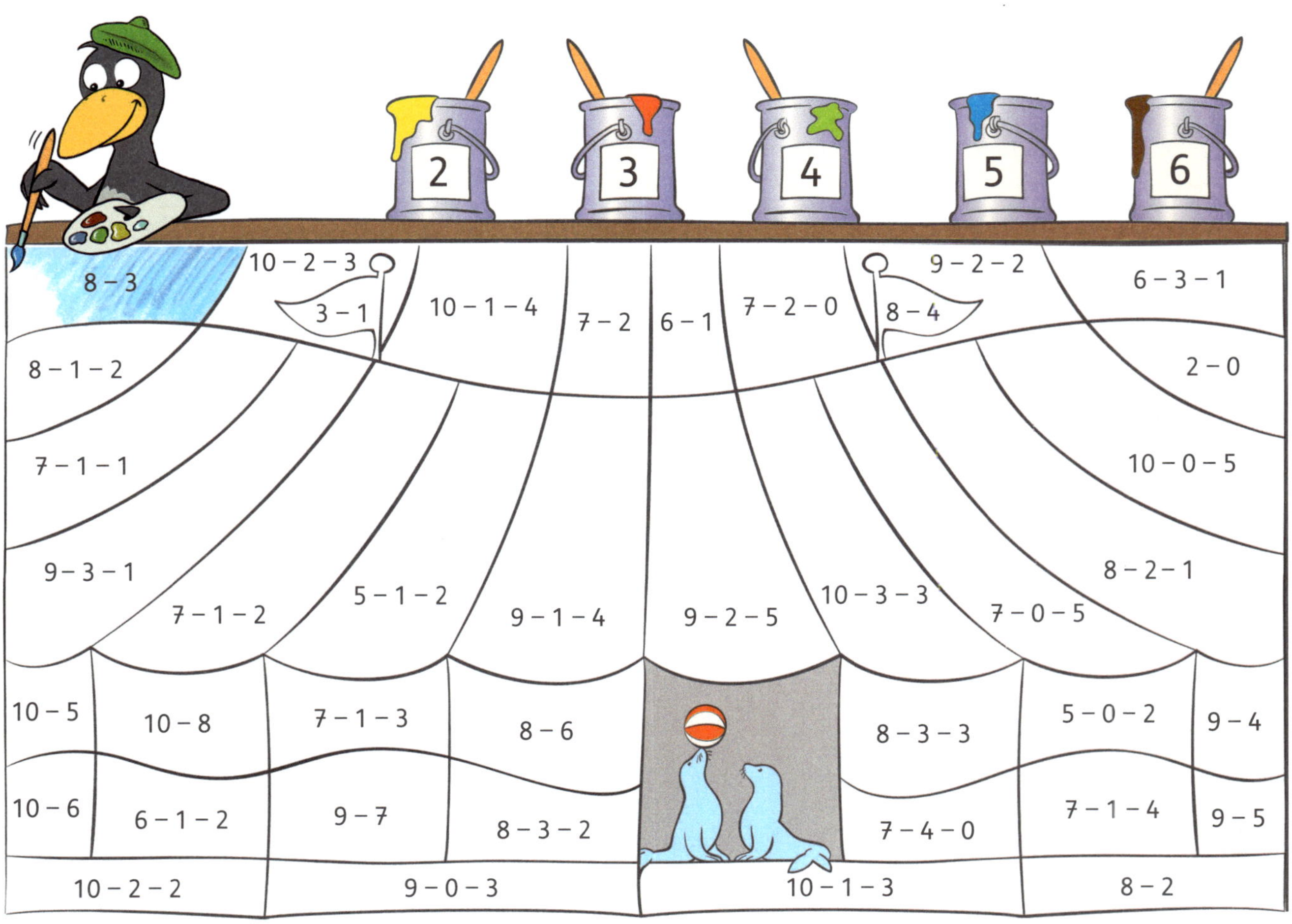

1 Platzhalteraufgaben lösen und mit den Lösungszahlen kontrollieren. Pro Päckchen bleibt eine Lösungszahl übrig.
2 Subtraktionsaufgaben mit 2 Subtrahenden lösen. 3 Felder mit der jeweiligen Farbe der Lösung ausmalen.

→ Schülerbuch, Seite 47

Aufgaben finden

○ 1

3 – ___ = ___ ___ + ___ = ___ ___ + ___ = ___

1 Aufgaben zu den dargestellten Tieren und Personen im Bild finden, notieren und lösen. Weitere Sachsituationen im Bild finden, malen, Aufgaben notieren und lösen.

→ Schülerbuch, Seiten 48/49

Wiederholung

○ 1 Rechne auch die Tauschaufgabe.

1 + 4 = ___	4 + 2 = ___	5 + 3 = ___	1 + 3 = ___
4 + ___ = ___	___ + ___ = ___	___ + ___ = ___	___ + ___ = ___
5 + 4 = ___	4 + 0 = ___	6 + 2 = ___	6 + 4 = ___
___ + ___ = ___	___ + ___ = ___	___ + ___ = ___	___ + ___ = ___
3 + 7 = ___	1 + 6 = ___	1 + 7 = ___	3 + 3 = ___
___ + ___ = ___	___ + ___ = ___	___ + ___ = ___	___ + ___ = ___

○ 2 Kontrolliere mit der Umkehraufgabe.

4 − 3 = 1	7 − 2 = ___	8 − 8 = ___	8 − 3 = ___
1 + 3 = ___	___ + ___ = ___	___ + ___ = ___	___ + ___ = ___
6 + 3 = ___	2 + 7 = ___	3 + 4 = ___	5 + 5 = ___
___ − 3 = ___	___ − ___ = ___	___ − ___ = ___	___ − ___ = ___
___ − ___ = ___	___ − ___ = ___	___ + ___ = ___	___ + ___ = ___
7 + 1 = ___	5 + 3 = ___	10 − 8 = ___	9 − 4 = ___

● 3

2 + 0 = ___	10 − 7 = ___	5 + ___ = 6
5 + 1 = ___	10 − 6 = ___	5 − ___ = 4
2 + 2 = ___	9 − 5 = ___	5 + ___ = 7
5 + ___ = ___	9 − 4 = ___	5 − ___ = 3
___ + ___ = ___	8 − ___ = ___	5 + ___ = 8
___ + ___ = ___	___ − ___ = ___	___ − ___ = ___
___ + ___ = ___	___ − ___ = ___	___

1 Aufgabe und Tauschaufgabe lösen. 2 Aufgaben lösen und jeweils mit der Umkehraufgabe kontrollieren. Letzte Zeile: Anhand der Umkehraufgabe die Ursprungsaufgabe bilden. 3 Aufgaben in den Aufgabenrollen lösen, arithmetische Muster erkennen und fortsetzen. **Selbsteinschätzung:** Den entsprechenden Raben am Seitenanfang ankreuzen.

→ Schülerbuch, Seiten 50/51

Knobeln mit Blickrichtungen

○ 1

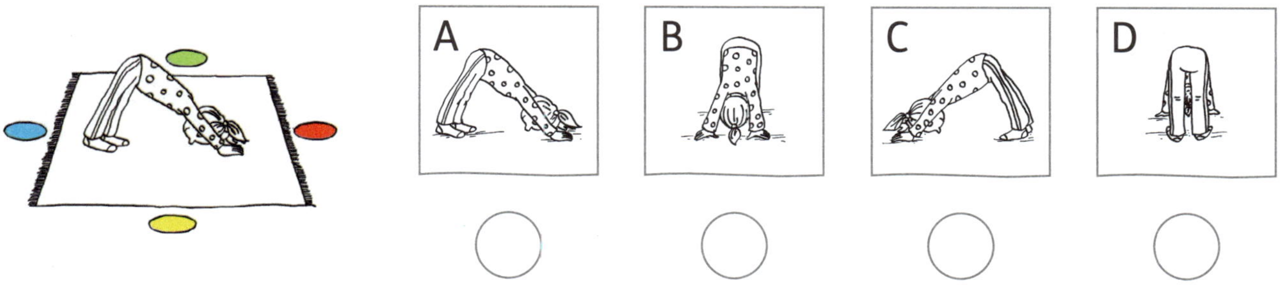

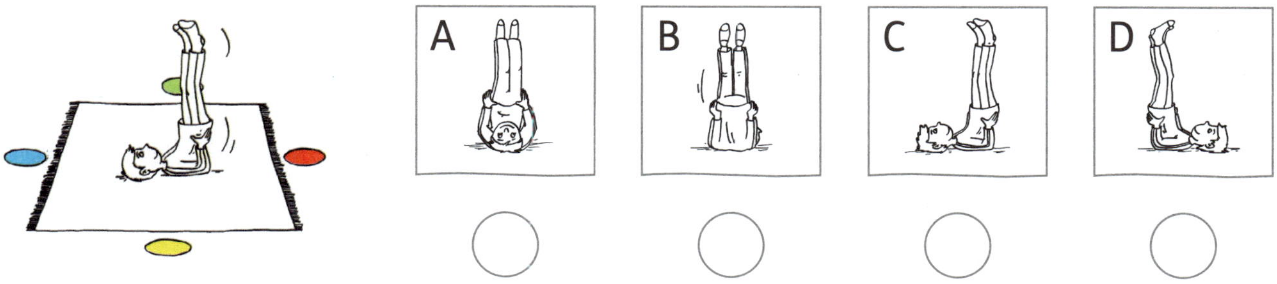

◒ 2

● 3

1–3 Gegenstände und Personen aus unterschiedlicher Perspektive betrachten (Perspektivwechsel). Abgebildete Ansichten mithilfe der Farben (gelb = vorne, blau = links, grün = hinten, rot = rechts) den Standorten zuordnen.

→ Schülerbuch, Seite 53

Formen erkennen

○ **1** Färbe und zähle die Formen.

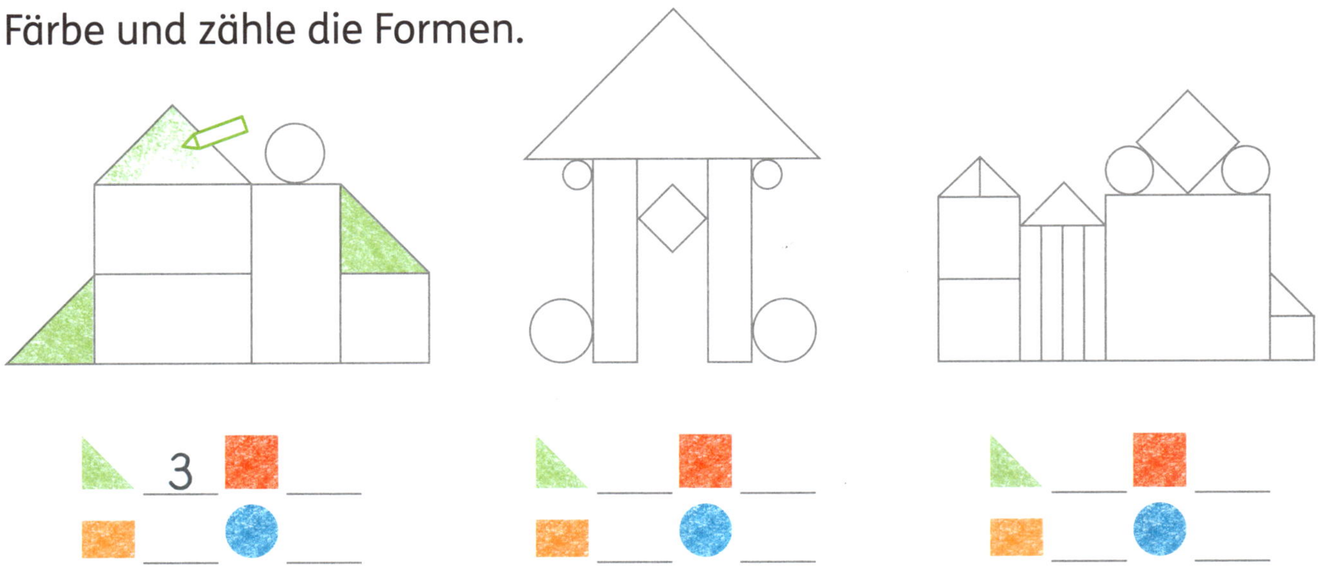

○ **2**

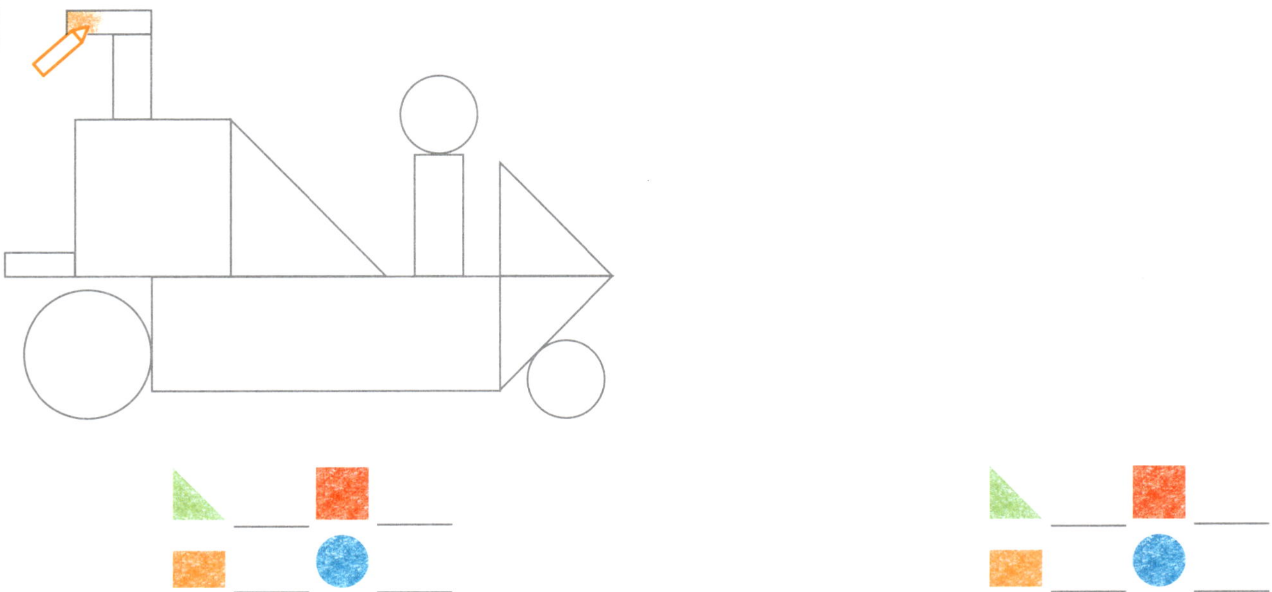

● **3** Male eine eigene Figur. Färbe und zähle die Formen.

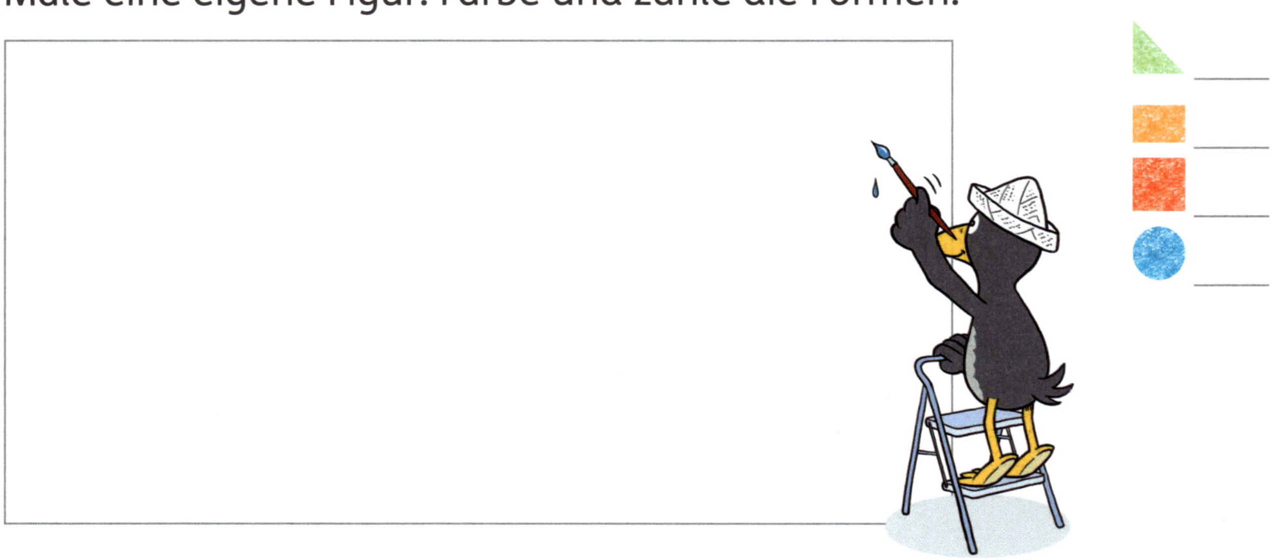

1–2 Die 4 vorgegebenen Formen in den Figuren wiederfinden und in den vorgegebenen Farben ausmalen. Die Anzahlen notieren. **3** Eine eigene Figur (Haus, Auto, Muster, ...) aus den vorgegebenen Formen zeichnen, die Formen entsprechend ausmalen und zählen. Die Anzahlen notieren.

→ Schülerbuch, Seiten 54/55

Figuren legen

○ **1** Lege aus. Zeichne und zähle.

1 Die vorgegebenen Figuren mit Geoplättchen aus der Schülerbuchbeilage auslegen. Umrisslinien der jeweils verwendeten Formen einzeichnen. Dazu können die Geoplättchen als Schablone verwendet werden. Für jede Figur jeweils die Anzahl der verwendeten Quadrate, großen und kleinen Dreiecke notieren.

→ Schülerbuch, Seiten 56/57

Die Zahlen bis 20

○ **1** Wie viele?

13

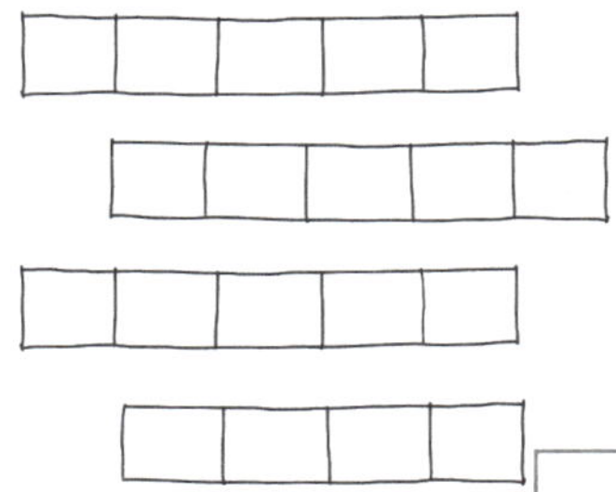

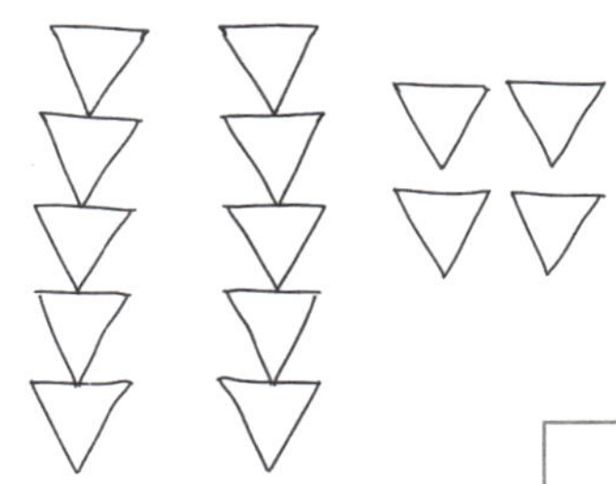

○ **2** Zeichne.

15

19

18

○ **3**

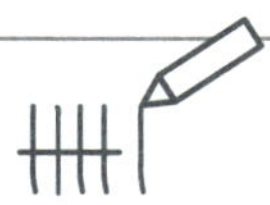

11

15

17

12

1 Anzahlen erfassen und passende Zahl eintragen. **2–3** Fehlende Mengen- oder Strichdarstellungen strukturiert ergänzen.

→ Schülerbuch, Seiten 58/59

Zehner und Einer

○ **1**

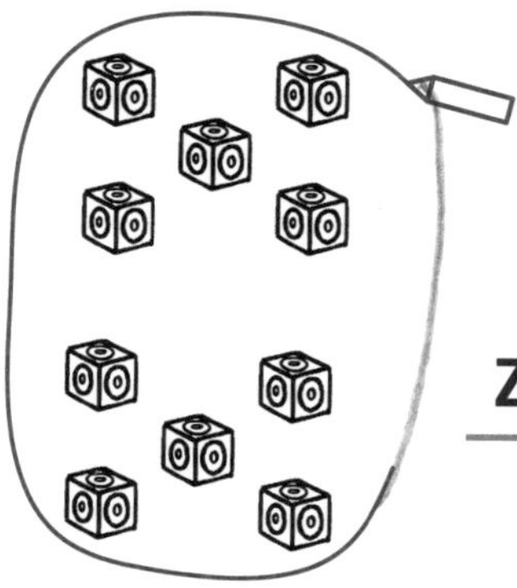

Zehner	Einer
1	1

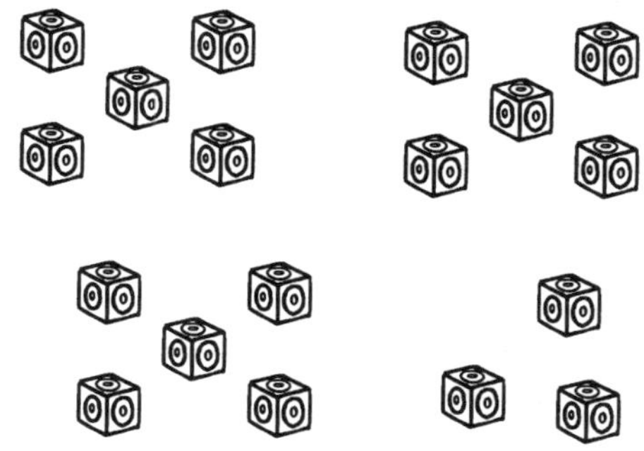

Z	E

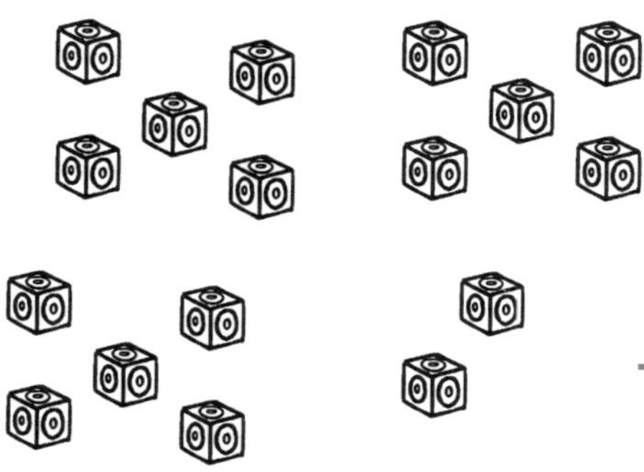

Z	E

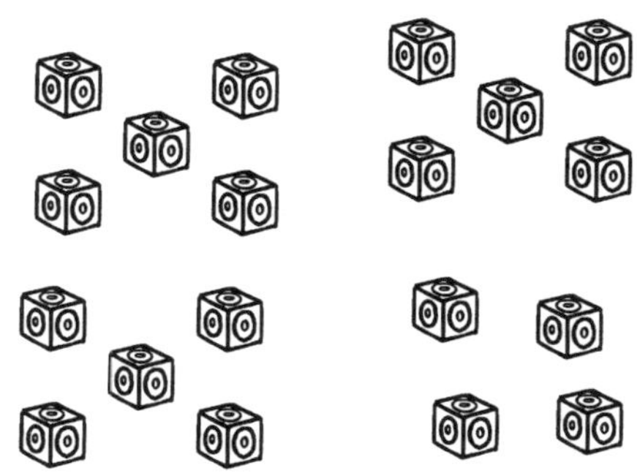

Z	E

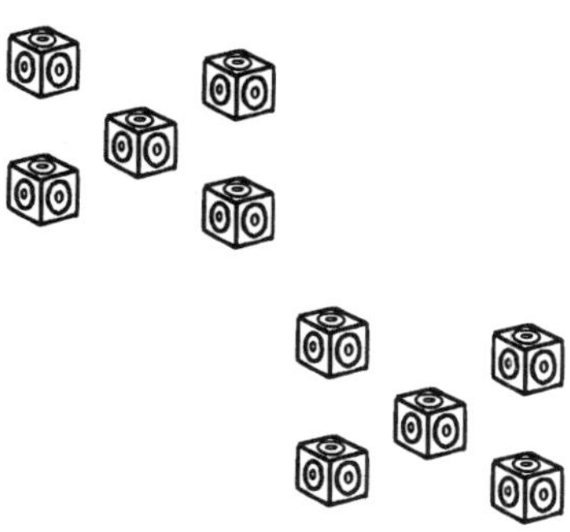

Z	E

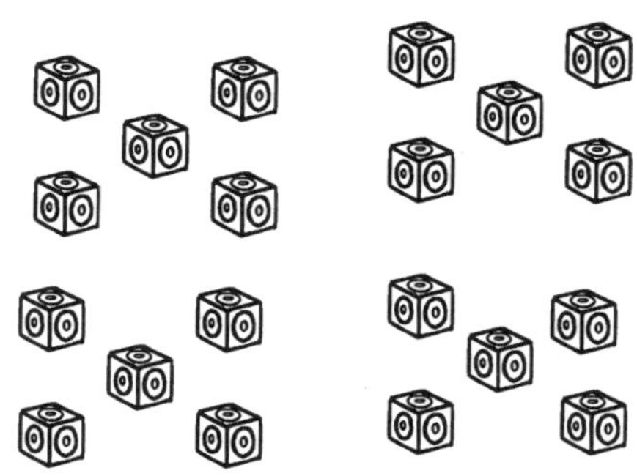

Z	E

○ **2**

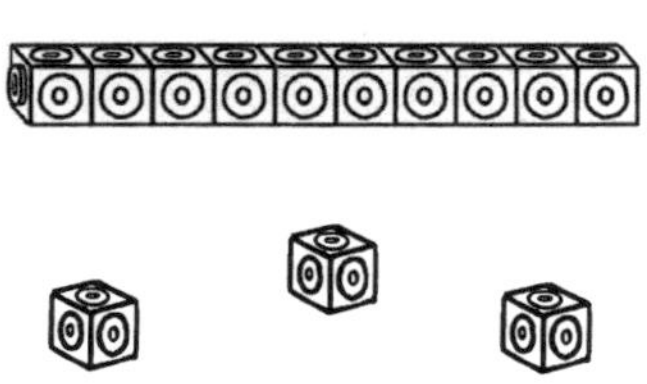

Z	E

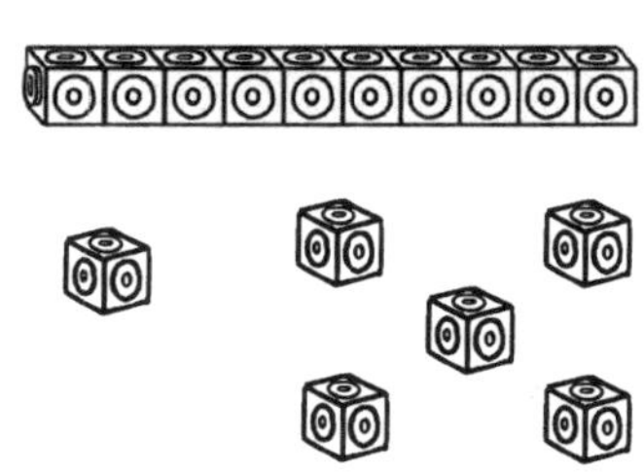

Z	E

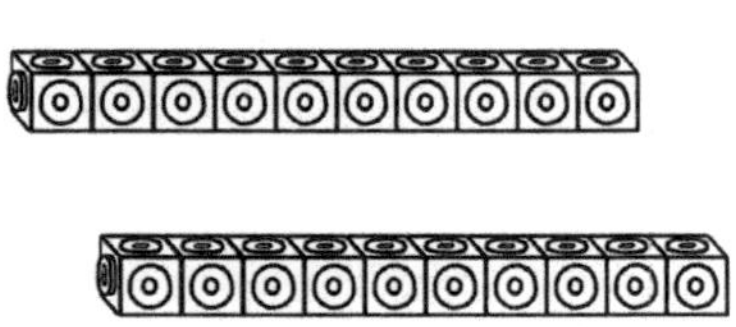

Z	E

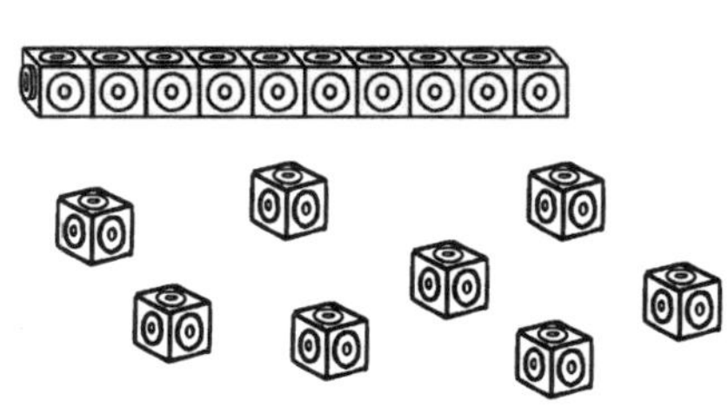

Z	E

1–2 Immer 10 Steckwürfel durch Einkreisen zu einem Zehner bündeln. Die restlichen Steckwürfel (Einer) jeweils möglichst geschickt erfassen. Zehner und Einer in der Stellenwerttafel notieren.

→ Schülerbuch, Seite 60

Zehner und Einer im Zwanzigerfeld

○ **1** Schreibe und zeichne.

13

13 = 10 + 3

Z	E
1	3

dreizehn

16

16 = 10 + 6

Z	E
1	6

sechzehn

___ = ___ + ___

Z	E

neunzehn

___ = ___ + ___

Z	E

fünfzehn

___ = ___ + ___

Z	E

zwölf

___ = ___ + ___

Z	E

vierzehn

___ = ___ + ___

Z	E

elf

___ = ___ + ___

Z	E

zwanzig

___ = ___ + ___

Z	E

1 Zu den vorgegebenen Zahlwörtern Zahl, Plättchendarstellung im Zwanzigerfeld, Zahlzerlegung sowie Zehner und Einer in der Stellenwerttafel ergänzen. Für die letzte Aufgabe eine eigene Zahl wählen.

→ Schülerbuch, Seite 61

Nachbarzahlen bis 20

○ 1

0	1	_	_	_	_	_	7	_	_	10

11	_	_	_	_	_	_	18	_	_

18	19	_	_	16	_	_	_	19
_	11	_	_	7	_	9	_	_
_	3	_	_	17	_	_	_	20

○ 2

V	Z	N
13	14	15
	17	
	16	

V	Z	N
	11	
	13	
	19	

V	Z	N
	10	
	12	
	15	

V	Z	N
	18	
	9	
	20	

◒ 3

V	Z	N
9		
		13
15		

V	Z	N
18		
		12
		15

V	Z	N
		17
14		
		19

V	Z	N
19		
	23	
		26

○ 4

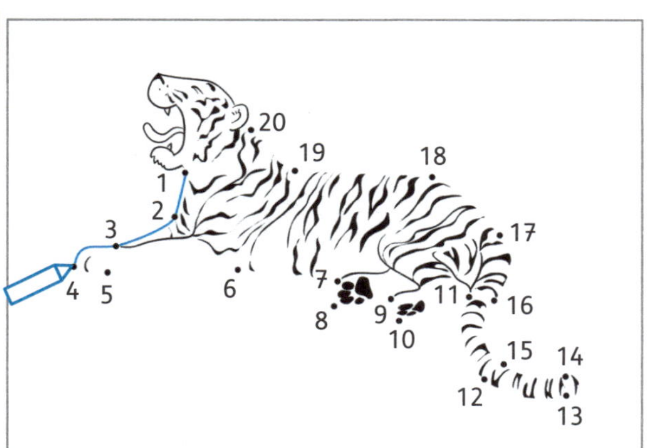

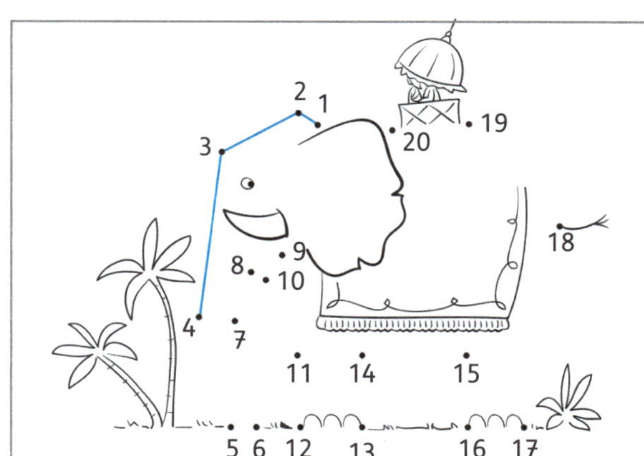

1 Die Zahlenreihe von 0 bis 20 und Ausschnitte aus der Zahlenreihe vervollständigen. **2–3** Die fehlenden Nachbarzahlen in den Tabellen ergänzen. **4** Die Zahlen jeweils der Reihe nach verbinden.

→ Schülerbuch, Seite 62

Zahlen bis 20 vergleichen

○ **1**

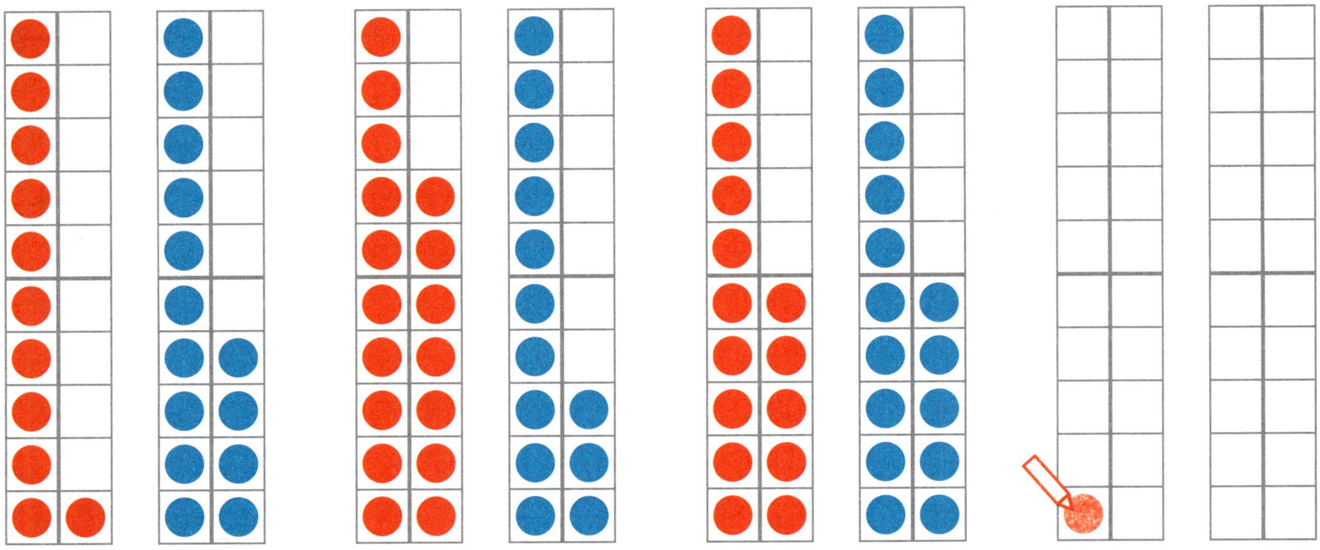

11 ⊘< ___	___ ◯ ___	___ ◯ ___	16 ◯ 12

○ **2**

4 (>) 1	5 ◯ 8	7 ◯ 7	9 ◯ 3	0 ◯ 10
14 ◯ 11	15 ◯ 18	17 ◯ 17	19 ◯ 13	10 ◯ 20
6 ◯ 9	2 ◯ 5	3 ◯ 10	7 ◯ 0	8 ◯ 4
16 ◯ 19	12 ◯ 15	13 ◯ 20	17 ◯ 10	18 ◯ 14

○ **3**

16 (<) 18	12 ◯ 14	15 ◯ 11	17 = ___	18 = ___
16 ◯ 17	13 ◯ 14	19 ◯ 20	17 < ___	18 > ___
16 ◯ 16	14 ◯ 14	8 ◯ 12	17 < ___	18 > ___
16 ◯ 15	15 ◯ 14	13 ◯ 7	17 > ___	18 < ___

◒ **4** Ordne nach der Größe. Beginne mit der kleinsten Zahl.

11 | 8 | 14 | 12 | ~~5~~

5, ______________________

19 | 16 | 7 | 10 | 18

____

6 | 18 | 3 | 4 | 11

____

15 | 17 | 13 | 2 | 20

____

1 Anzahl der Plättchen in den Zwanzigerfeldern erfassen, notieren und vergleichen. 2 Zahlen aus dem ersten und zweiten Zehner paarweise vergleichen und passende Relationszeichen eintragen. 3 Zahlen vergleichen und passende Relationszeichen eintragen. 4 Zahlen auf den Zahlenkarten der Größe nach ordnen.

→ Schülerbuch, Seite 64

Zahlen bis 20 zerlegen

○ **1** Immer 15.

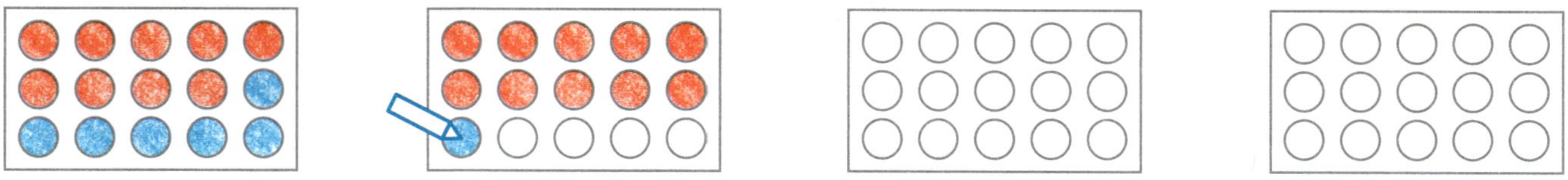

9 + ___	10 + ___	5 + ___	8 + ___

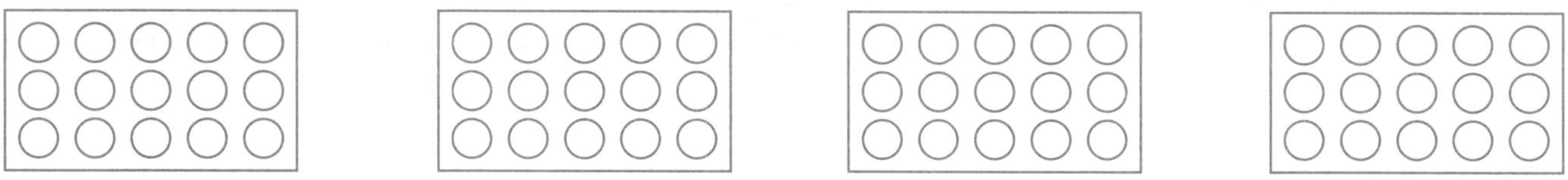

___ + 4	___ + 2	___ + 14	___ + 0

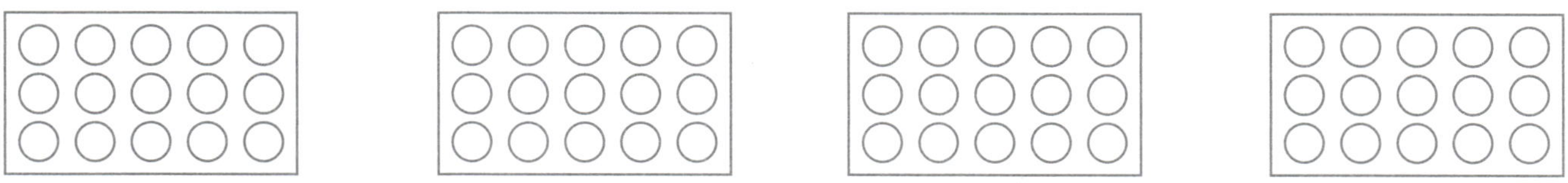

___ + ___	___ + ___	___ + ___	___ + ___

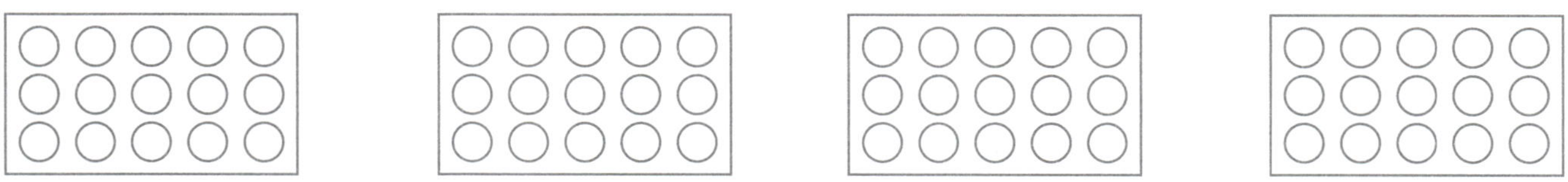

___ + ___	___ + ___	___ + ___	___ + ___

◒ **2** Lege mit Plättchen.

19	14	20	17	___
19 + ___	14 + ___	20 + ___	___ + ___	___ + ___
18 + ___	13 + ___	___ + 1	___ + ___	___ + ___
17 + ___	12 + ___	18 + ___	___ + ___	___ + ___
16 + ___	___ + ___	___ + ___	___ + ___	___ + ___
15 + ___	___ + ___	___ + ___	___ + ___	___ + ___
14 + ___	___ + ___	___ + ___	___ + ___	___ + ___
13 + ___	___ + ___	___ + ___	___ + ___	___ + ___
12 + ___	___ + ___	___ + ___	___ + ___	___ + ___

1 Die Plättchen passend zur Zerlegung der 15 färben. Die Zerlegungen vervollständigen und notieren. **2** Die Zerlegungen der Zahlen im Dach durch Legen mit Plättchen im Zwanzigerfeld finden und diese systematisch in den Zerlegungshäusern notieren. Für das vorletzte Haus eine erste Zerlegung und für das letzte Haus eine Zahl zum Zerlegen wählen.

→ Schülerbuch, Seite 65

Plusaufgaben

○ **1**

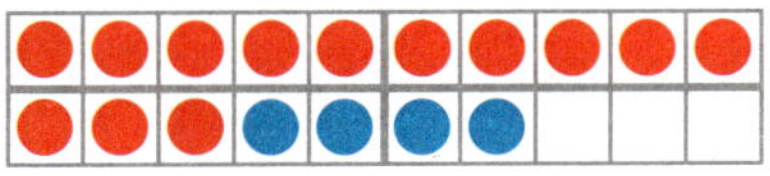

3 + 4 = 7

13 + 4 = ____

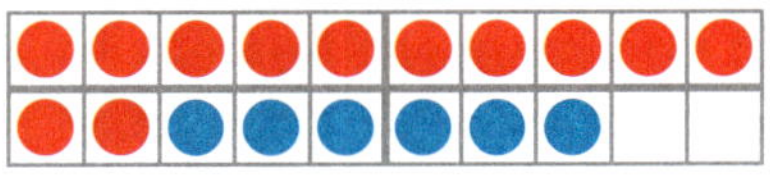

___ + ___ = ___

___ + ___ = ___

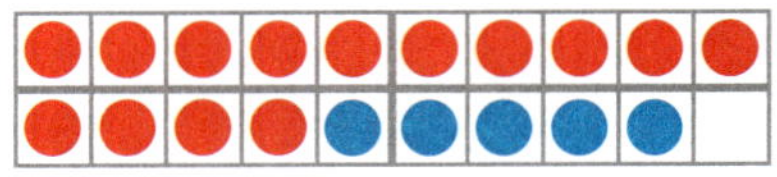

___ + ___ = ___

___ + ___ = ___

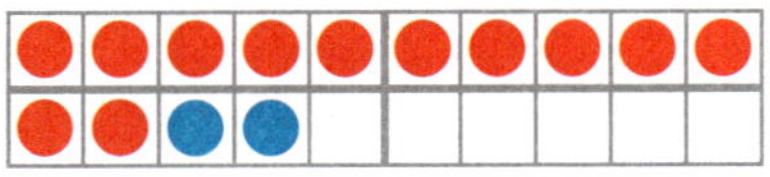

___ + ___ = ___

___ + ___ = ___

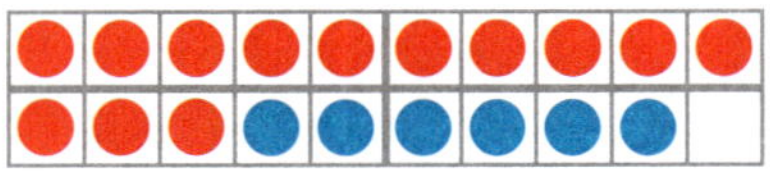

___ + ___ = ___

___ + ___ = ___

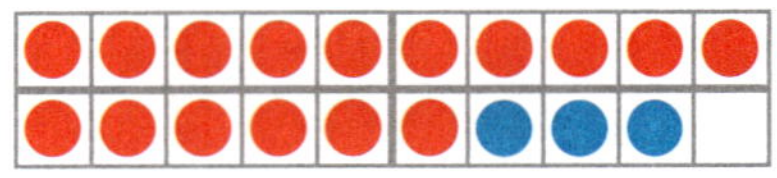

___ + ___ = ___

___ + ___ = ___

○ **2**

___ + ___ = ___

11 + 4 = ____

___ + ___ = ___

15 + 3 = ____

___ + ___ = ___

18 + 2 = ____

___ + ___ = ___

17 + 2 = ____

___ + ___ = ___

10 + 8 = ____

___ + ___ = ___

15 + 4 = ____

○ **3**

6 + 2 = 8	___ + ___ = ___	___ + ___ = ___	___ + ___ = ___
16 + 2 = ____	14 + 1 = ____	11 + 6 = ____	15 + 2 = ____
___ + ___ = ___	___ + ___ = ___	___ + ___ = ___	___ + ___ = ___
12 + 0 = ____	16 + 0 = ____	17 + 3 = ____	16 + 4 = ____

◒ **4** Finde die Rechenfehler. Schreibe die richtigen Ergebnisse auf.

10 + 2 = ~~13~~ 12	11 + 4 = 16 ____	9 + 11 = 20 ____
17 + 3 = 20 ✓	15 + 2 = 16 ____	18 + 2 = 19 ____
15 + 4 = 18 ____	13 + 4 = 18 ____	4 + 14 = 17 ____
16 + 3 = 18 ____	18 + 0 = 18 ____	12 + 1 = 13 ____
19 + 0 = 19 ____	15 + 3 = 17 ____	2 + 13 = 16 ____

1 Jeweils die kleine und die große Aufgabe dem Zwanzigerfeld entnehmen, notieren und lösen. 2 Die Aufgaben ggf. im Zwanzigerfeld legen. 3 Zum Lösen der Aufgaben jeweils die kleine Aufgabe (Analogieaufgabe) finden, notieren und beide Aufgaben lösen. Aufgaben ggf. im Zwanzigerfeld legen. 4 Rechenfehler finden und falsche Ergebnisse korrigieren.

→ Schülerbuch, Seite 66

Tauschaufgaben

○ **1**

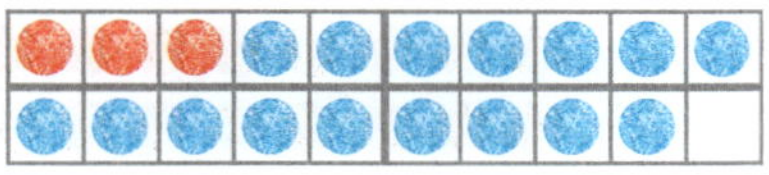

3 + 16 = ___

16 + 3 = ___

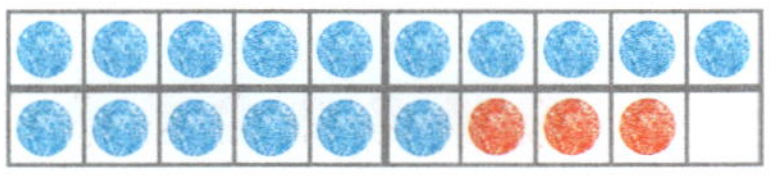

5 + 13 = ___

13 + ___ = ___

4 + 15 = ___

15 + ___ = ___

1 + 12 = ___

___ + ___ = ___

8 + 12 = ___

___ + ___ = ___

6 + 11 = ___

___ + ___ = ___

○ **2**

1 + 14 = ___	2 + 18 = ___	6 + 14 = ___	3 + 17 = ___
___ + ___ = ___	___ + ___ = ___	___ + ___ = ___	___ + ___ = ___
2 + 13 = ___	7 + 11 = ___	1 + 18 = ___	0 + 15 = ___
___ + ___ = ___	___ + ___ = ___	___ + ___ = ___	___ + ___ = ___
3 + 15 = ___	5 + 12 = ___	9 + 10 = ___	4 + 14 = ___
___ + ___ = ___	___ + ___ = ___	___ + ___ = ___	___ + ___ = ___

○ **3** Verbinde jede Plusaufgabe mit ihrer Tauschaufgabe.

8 + 11 = ___

___ + 5 = ___

14 + ___ = ___

___ + 4 = ___

1 + 18 = ___

5 + 10 = ___

11 + 8 = ___

18 + ___ = ___

3 + 14 = ___

4 + 16 = ___

1 Aufgabe und Tauschaufgabe legen, zeichnen und notieren. **2** Jeweils die Tauschaufgabe bilden und notieren. Beide Aufgaben lösen. **3** Jede gelbe Additionsaufgabe mit ihrer Tauschaufgabe verbinden. Fehlende Summanden ergänzen und Aufgaben lösen.

→ Schülerbuch, Seite 67

Minusaufgaben

1

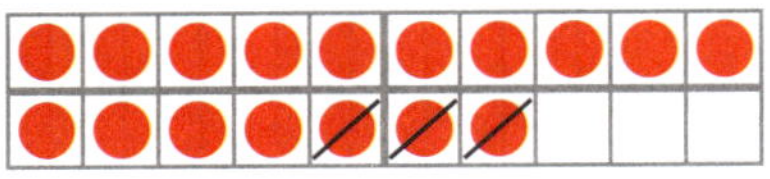

7 – 3 = 4

17 – 3 = ___

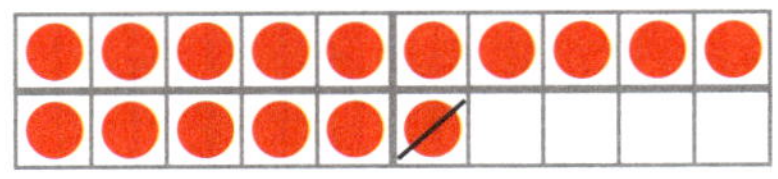

___ – ___ = ___

___ – ___ = ___

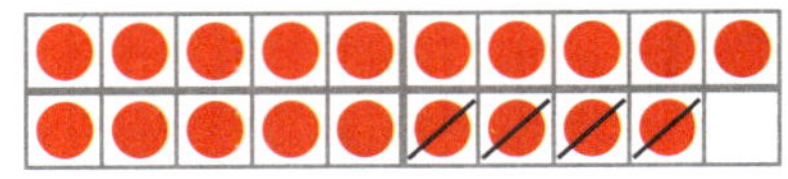

___ – ___ = ___

___ – ___ = ___

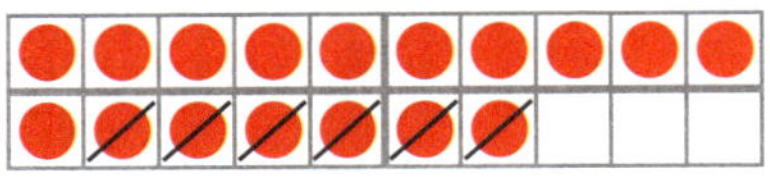

___ – ___ = ___

___ – ___ = ___

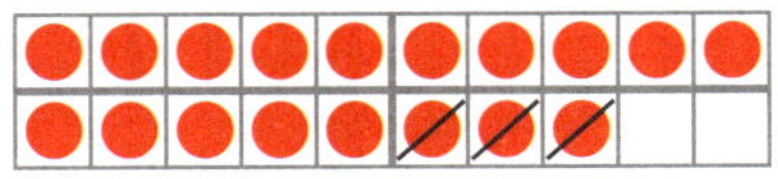

___ – ___ = ___

___ – ___ = ___

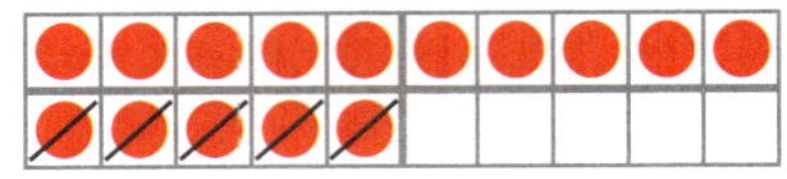

___ – ___ = ___

___ – ___ = ___

2

___ – ___ = ___
18 – 2 = ___

___ – ___ = ___
15 – 4 = ___

___ – ___ = ___
20 – 3 = ___

___ – ___ = ___
16 – 5 = ___

___ – ___ = ___
19 – 3 = ___

___ – ___ = ___
18 – 8 = ___

3

8 – 3 = 5	___ – ___ = ___	___ – ___ = ___	___ – ___ = ___
18 – 3 = ___	16 – 6 = ___	12 – 2 = ___	19 – 7 = ___
___ – ___ = ___	___ – ___ = ___	___ – ___ = ___	___ – ___ = ___
15 – 1 = ___	17 – 5 = ___	14 – 0 = ___	20 – 9 = ___

4 Finde die Rechenfehler. Schreibe die richtigen Ergebnisse auf.

10 – 7 = ~~2~~ 3	16 – 3 = 14 ___	14 – 4 = 10 ___
6 – 5 = 1 ✓	18 – 7 = 11 ___	19 – 3 = 15 ___
7 – 3 = 5 ___	18 – 4 = 15 ___	14 – 3 = 11 ___
9 – 1 = 7 ___	12 – 2 = 10 ___	17 – 0 = 7 ___
8 – 2 = 6 ___	17 – 2 = 19 ___	16 – 5 = 11 ___

1 Jeweils die kleine und die große Aufgabe dem Zwanzigerfeld entnehmen, notieren und lösen. 2 Die Aufgaben ggf. im Zwanzigerfeld legen. 3 Zum Lösen der Aufgaben jeweils die kleine Aufgabe (Analogieaufgabe) finden, notieren und beide Aufgaben lösen. Aufgaben ggf. im Zwanzigerfeld legen. 4 Rechenfehler finden und falsche Ergebnisse korrigieren.

→ Schülerbuch, Seite 68

Umkehraufgaben

○ **1**

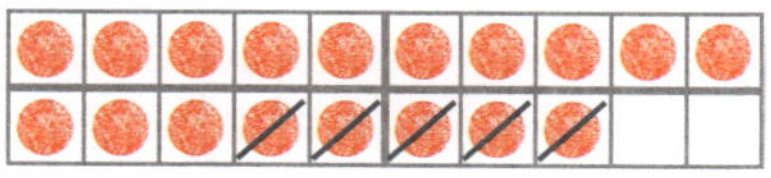

18 − 5 = 13

13 + 5 = ___

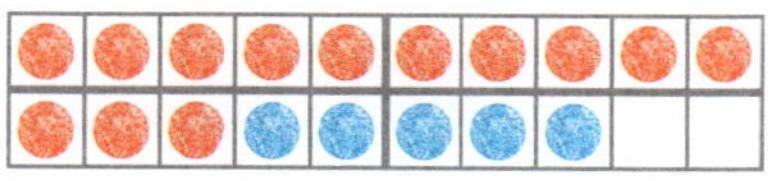

16 − 2 = ___

___ + 2 = ___

19 − 5 = ___

___ + 5 = ___

○ **2**

15 − 2 = 13
13 +

20 − 5 = ___

17 − 6 = ___

14 − 4 = ___

○ **3**

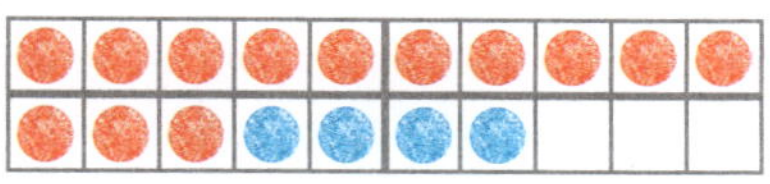

13 + 4 = ___

___ − 4 = ___

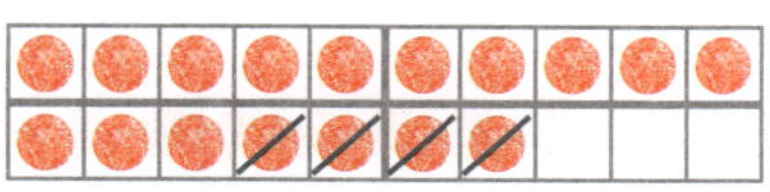

11 + 9 = ___

___ − 9 = ___

15 + 0 = ___

___ − 0 = ___

○ **4**

12 + 8 = 20
20 −

10 + 6 = ___

15 + 4 = ___

16 + 3 = ___

○ **5** Verbinde jede Minusaufgabe mit ihrer Umkehraufgabe.

19 − 2 = ___

14 + 6 = ___

12 + 7 = ___

18 − 3 = ___

18 − 5 = ___

13 + 5 = ___

20 − 6 = ___

15 + 3 = 18

17 + 2 = ___

19 − 7 = ___

16 + 4 = ___

20 − 4 = ___

1, 3 Jeweils Aufgabe und Umkehraufgabe legen, zeichnen und notieren. **2, 4** Jeweils die Aufgabe lösen und mit der Umkehraufgabe kontrollieren. **5** Jede Subtraktionsaufgabe lösen und mit ihrer Umkehraufgabe verbinden und kontrollieren.

→ Schülerbuch, Seite 69

Aufgabenfamilien

○ 1

6 + 2 = 8
2 + 6 = ___
8 − 2 = ___
8 − ___ = ___

4 + 5 = ___
___ + ___ = ___
9 − 5 = ___
___ − ___ = ___

1 + 8 = ___
___ + ___ = ___
9 − ___ = ___
___ − ___ = ___

15 + 2 = ___
2 + ___ = ___
17 − 2 = ___
17 − ___ = ___

11 + 9 = ___
___ + ___ = ___
20 − 9 = ___
___ − ___ = ___

13 + 4 = ___
___ + ___ = ___
17 − ___ = ___
___ − ___ = ___

○ 2

15 + 4 = 19
4 + 15 = 19
19 − 15 = 4
19 − 4 = 15

___ + ___ = ___
___ + ___ = ___
___ − ___ = ___
___ − ___ = ___

___ + ___ = ___
___ + ___ = ___
___ − ___ = ___
___ − ___ = ___

◒ 3

___
12 2

12 + 2 = ___
2 + 12 = ___
14 − 2 = ___
14 − 12 = ___

___
15 3

15 + 3 = ___
3 + ___ = ___
18 − 3 = ___
18 − ___ = ___

___
13 7

13 + 7 = ___
___ + ___ = ___
20 − 7 = ___
20 − ___ = ___

1–2 Die Aufgaben mit Plättchen legen und in die Zehner- bzw. Zwanzigerfelder einzeichnen bzw. aus den Zwanzigerfeldern ablesen. Aufgaben notieren und lösen. 3 Fehlende Zahlen im Dach mithilfe der vorgegebenen Aufgaben der Aufgabenfamilie ergänzen. Die Aufgaben der Aufgabenfamilien vervollständigen und lösen.

→ Schülerbuch, Seite 70

Tabellen

○ 1

+	3	2	4
5			9
1			

+	4	5	7
11			
13			

+	3	2	0
15			
16			
17			

+	5	3	4
12			
14			
10			

+	2	1	0
18			
13			
12			

○ 2

−	5	7	3
7			4
9			

−	4	2	1
14			
18			

−	8	7	5
20			
19			
18			

−	2	3	0
15			
17			
13			

−	4	3	6
16			
19			
20			

◒ 3

+	2	3	
4			8
		9	
3			

+	4	7	
10			
12			17
		20	

+		3	4
15	17		
		19	
			18

−	2	3	
5			1
8			
			5

−	2		3
	16	18	
17			
19			

−		5	
16	15		
		15	
		10	9

1–3 Die fehlenden Zahlen in den Tabellen mithilfe der Addition und Subtraktion ergänzen.

→ Schülerbuch, Seite 71

Mit dem Spiegel experimentieren

○ 1

◒ 2 Finde die Fehler im Spiegelbild. Kreise sie ein.

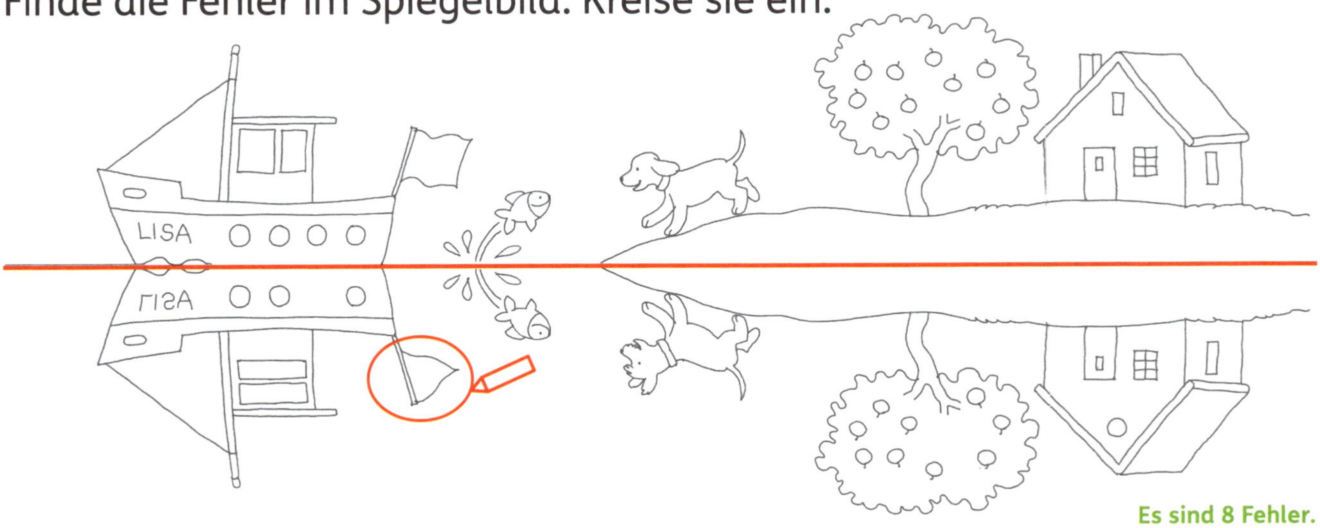

Es sind 8 Fehler.

● 3 Was fehlt im Spiegelbild? Ergänze.

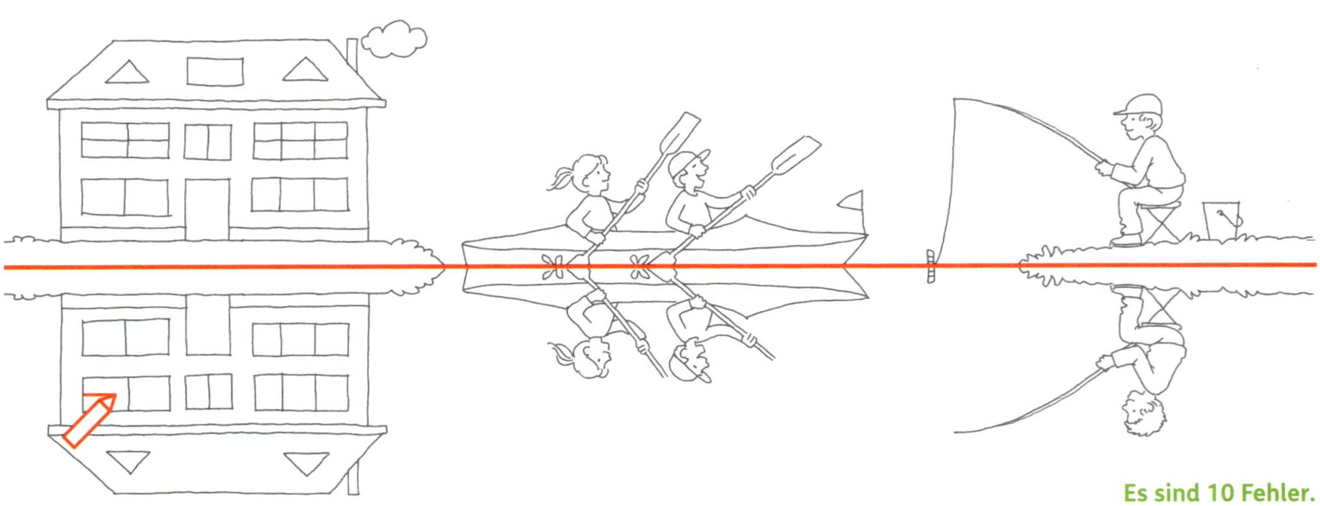

Es sind 10 Fehler.

1 Die rechte Bildhälfte spiegelgleich anmalen und das Ergebnis mit dem Spiegel überprüfen. 2 Die 8 Fehler im Bild erkennen und einkreisen. 3 Die 10 fehlenden Dinge im Spiegelbild ergänzen.

→ Schülerbuch, Seite 72

Verdoppeln und halbieren

○ 1 Verdopple.

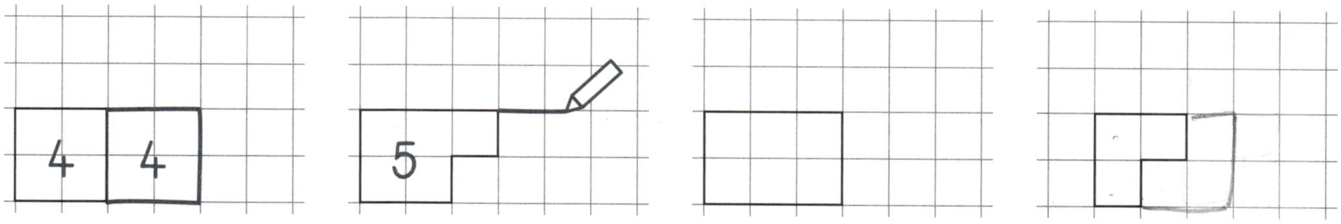

4 + 4 = 8 | + = | + = | + =

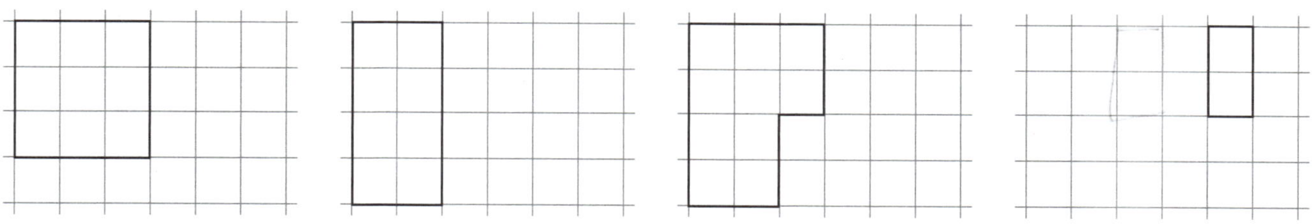

+ = | + = | + = | + =

die Zahl	4	5								
das Doppelte	8									

○ 2 Halbiere.

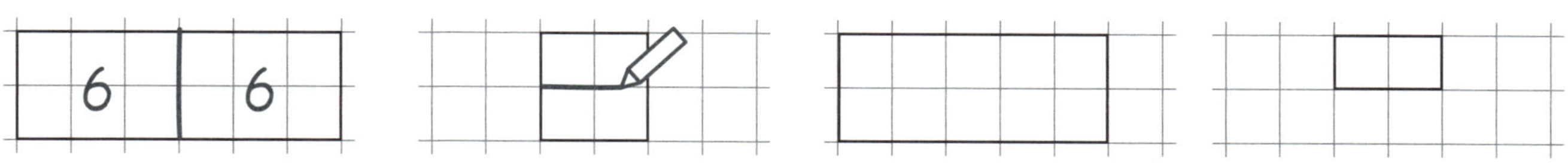

12 = 6 + 6 | = + | = + | = +

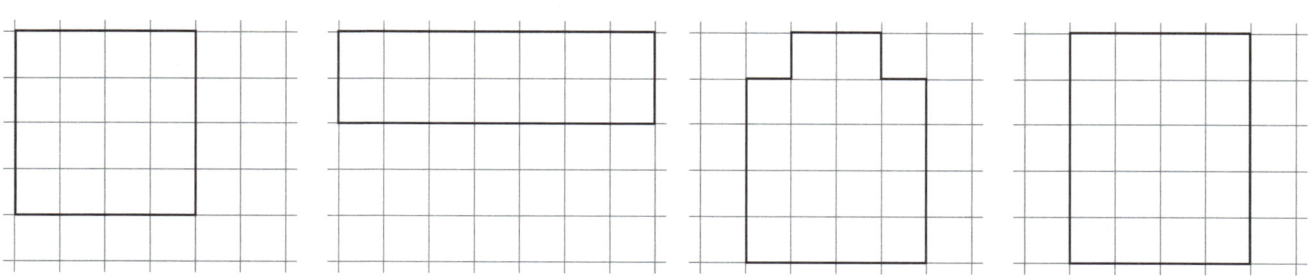

= + | = + | = + | = +

die Zahl	12	4								
die Hälfte	6									

1–2 Jeweils die Anzahl der vorgegebenen Kästchen bestimmen und zeichnerisch verdoppeln bzw. halbieren. Zeichnerisch sind z. T. verschiedene Lösungen möglich. Die entsprechenden Verdopplungs- bzw. Halbierungsaufgaben notieren und in die Tabellen eintragen. Jeweils noch 2 eigene Aufgaben in den Tabellen notieren.

→ Schülerbuch, Seiten 74/75

Geld: Cent

○ 1

ctc

○ 2

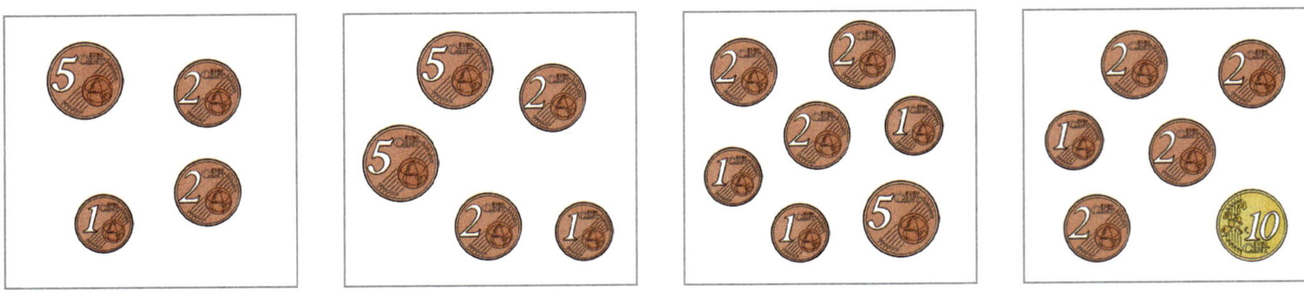

___ ct ___ ct ___ ct ___ ct

○ 3

7 ct 9 ct 17 ct 19 ct

◒ 4 Wo ist mehr Geld? Setze <, > oder = ein.

7 ct ◯ ___ ct

___ ct ◯ ___ ct

___ ct ◯ ___ ct

___ ct ◯ ___ ct

1 Die Schreibweise für Cent üben. 2 Dargestellte Centbeträge legen und bestimmen. 3 Die fehlenden Münzen ergänzen.
4 Jeweils die Centbeträge in den beiden Geldbörsen bestimmen und vergleichen. Das passende Relationszeichen eintragen.

→ Schülerbuch, Seite 76

Geld: Euro

○ 1

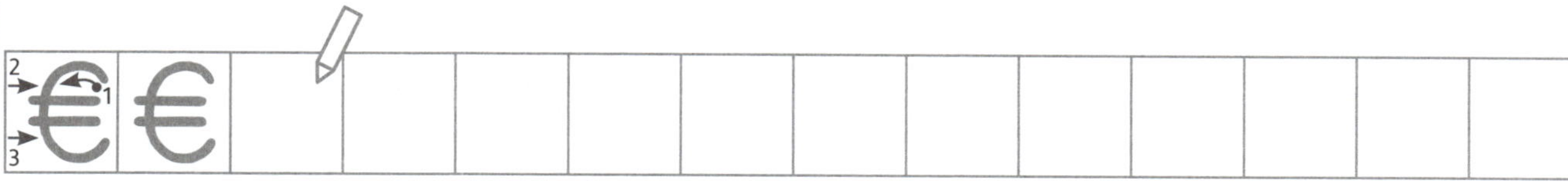

○ 2

___ €   ___ €   ___ €   ___ €

○ 3

8 €   16 €   19 €   20 €

◒ 4 Wo ist mehr Geld? Setze <, > oder = ein.

10 € ◯ ___ €

___ € ◯ ___ €

___ € ◯ ___ €

___ € ◯ ___ €

1 Die Schreibweise für Euro üben. 2 Dargestellte Eurobeträge legen und bestimmen. 3 Die fehlenden Geldscheine bzw. Münzen ergänzen. 4 Jeweils die Eurobeträge in den beiden Geldbörsen bestimmen und vergleichen. Das passende Relationszeichen eintragen.

→ Schülerbuch, Seite 77

Mit Geld umgehen

○ **1** Lege mit möglichst wenigen Münzen. Zeichne.

	gelegt
1 ct	1 ct
2 ct	
3 ct	
4 ct	
5 ct	

	gelegt
6 ct	
7 ct	
8 ct	
9 ct	
10 ct	

○ **2** Was ist zuviel? Streiche durch.

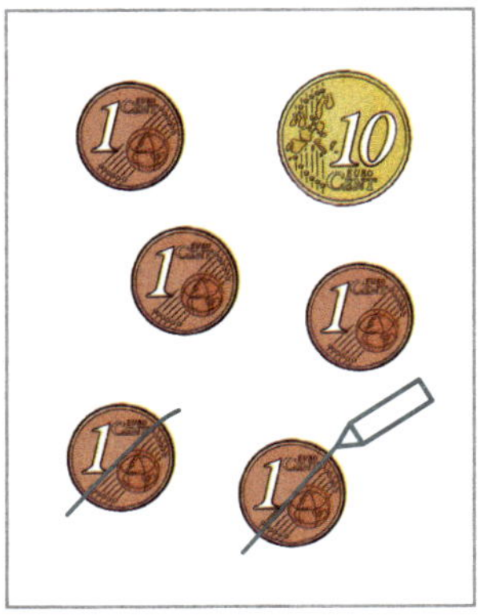

13 ct

15 ct

17 ct

19 ct

◒ **3** Immer 7 Cent.

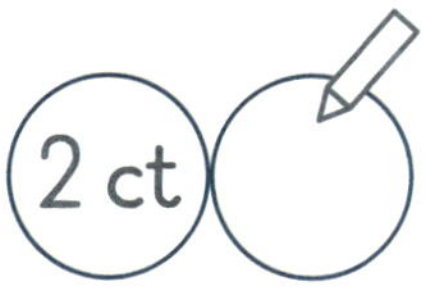

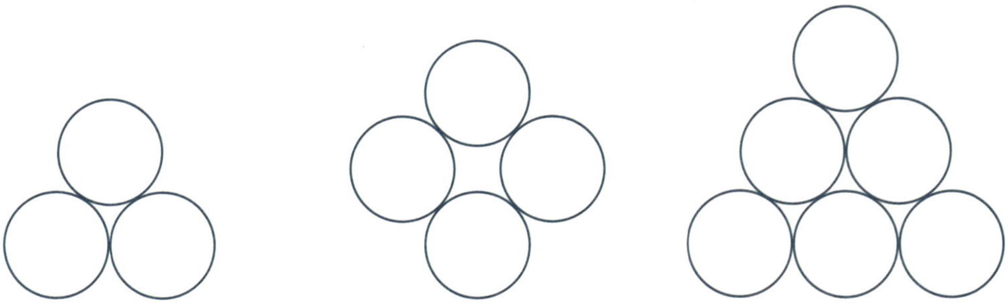

◒ **4** Immer 9 Cent.

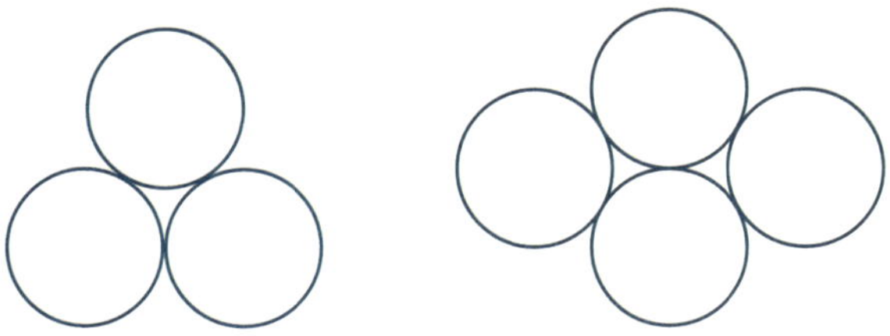

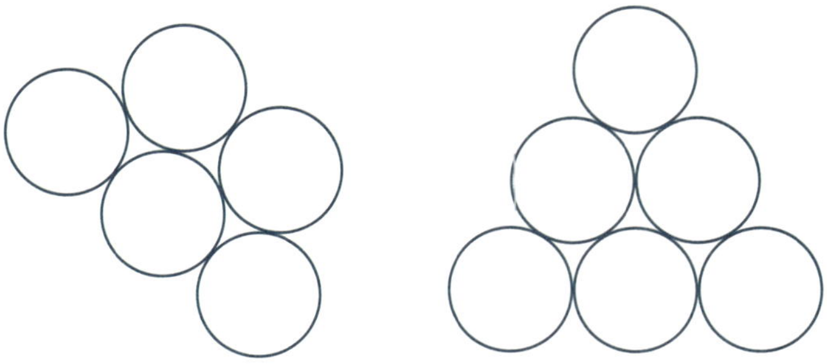

1 Geldbeträge mit möglichst wenigen Münzen legen. Die Lösungen in die Tabellen zeichnen. 2 Überzählige Münzen wegstreichen. Es sind mehrere Lösungen möglich. 3–4 Den angegebenen Betrag mit der vorgegebenen Münzenanzahl legen und notieren.

→ Schülerbuch, Seite 78

Mit Geld umgehen

○ **1** Finde verschiedene Möglichkeiten. Lege und zeichne.

13 €	|		|	|
13 €				
13 €				
13 €				

18 €				
18 €				
18 €				
18 €				

○ **2** Was ist zuviel? Streiche durch.

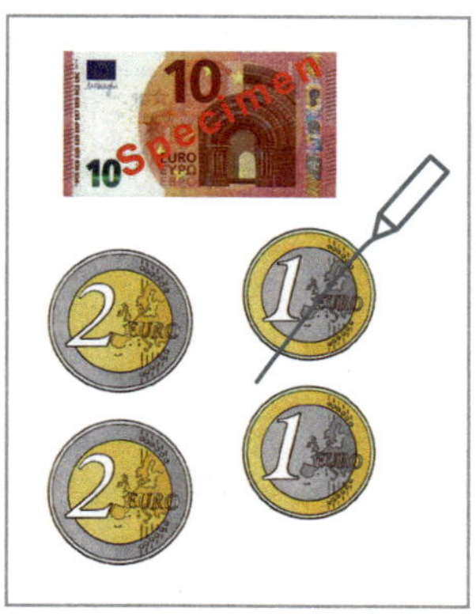

14 €

16 €

18 €

20 €

◒ **3** Immer 8 Euro.

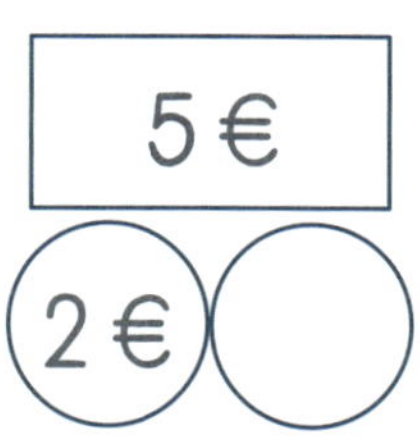

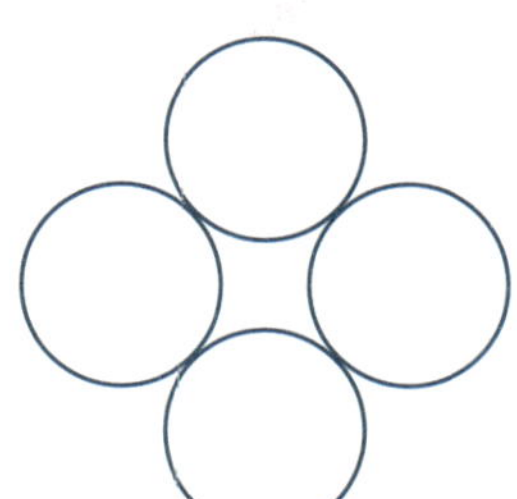

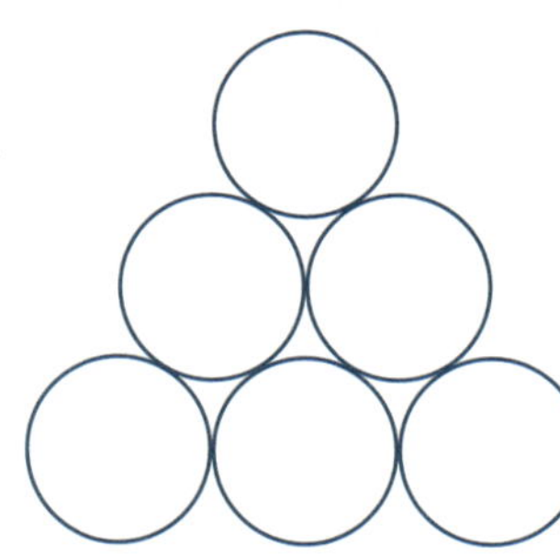

◒ **4** Immer 10 Euro.

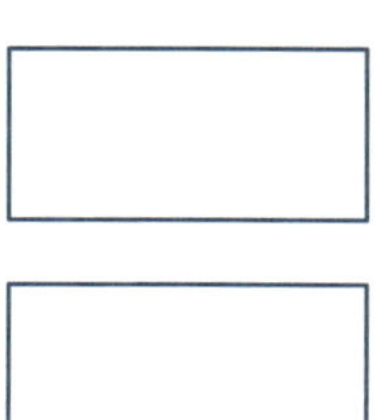

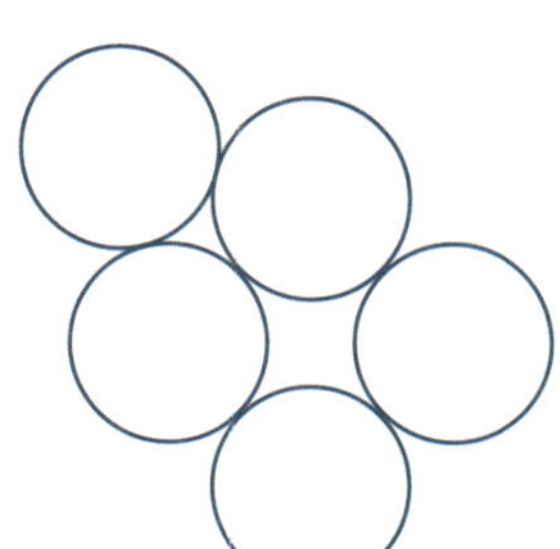

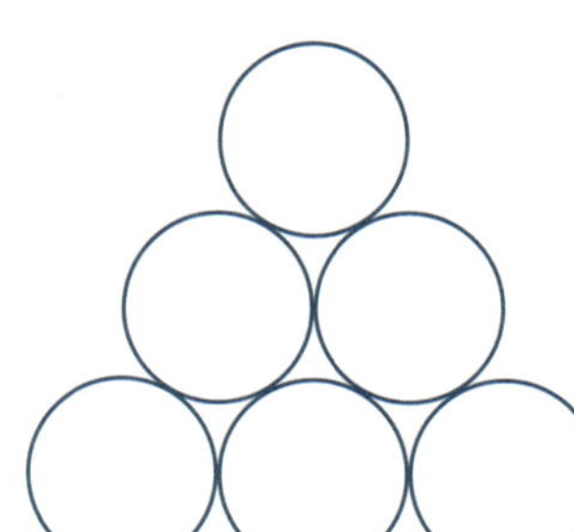

1 Geldbeträge auf verschiedene Weise legen. Die Lösungen als Strichliste in die Tabellen eintragen. 2 Überzählige Geldscheine und/oder Münzen wegstreichen. Es sind mehrere Lösungen möglich. 3–4 Den angegebenen Betrag mit der vorgegebenen Geldschein- bzw. Münzenanzahl legen und notieren.

→ Schülerbuch, Seite 79

Wiederholung

○ **1**

17		
17 = 10 + 7	___ = ___ + ___	___ = ___ + ___
Z | E: 1 | 7	Z | E	Z | E
siebzehn	zehn	neunzehn

○ **2**

12 + 3 = ___	11 + 8 = ___	16 − 3 = ___	14 − 0 = ___
15 + 4 = ___	13 + 5 = ___	20 − 1 = ___	17 − 5 = ___
17 + 1 = ___	14 + 2 = ___	12 − 2 = ___	15 − 1 = ___
10 + 6 = ___	19 + 1 = ___	19 − 6 = ___	20 − 4 = ___
18 + 2 = ___	20 + 0 = ___	18 − 6 = ___	19 − 3 = ___
15 16 17 18 19 20	15 16 18 19 20 20	10 12 13 13 13 19	12 14 14 15 16 16

◒ **3**

17 / 11 6	___ / 14 4	___ / 13 5
11 + ___ = ___	14 + ___ = ___	13 + ___ = ___
6 + ___ = ___	4 + ___ = ___	___ + ___ = ___
17 − ___ = ___	18 − ___ = ___	18 − ___ = ___
___ − ___ = ___	___ − ___ = ___	___ − ___ = ___

◒ **4**

+		6	5
			19
11	13		

−	3	5	
		11	
19			17

−	3	0	
17			
	11		10

1 Zu den vorgegebenen Zahlwörtern die fehlenden Zahldarstellungen ergänzen. 2 Die Aufgaben lösen und die Ergebnisse mit den grünen Lösungszahlen kontrollieren. Pro Päckchen bleibt eine Lösungszahl übrig. 3 Aufgabenfamilien notieren und lösen. 4 Die Tabellen lösen. **Selbsteinschätzung:** Den entsprechenden Raben am Seitenanfang ankreuzen.

→ Schülerbuch, Seiten 80/81

Knobeln mit Formen

○ **1** Immer 2 Teile ergeben zusammen ein Quadrat. Verbinde.

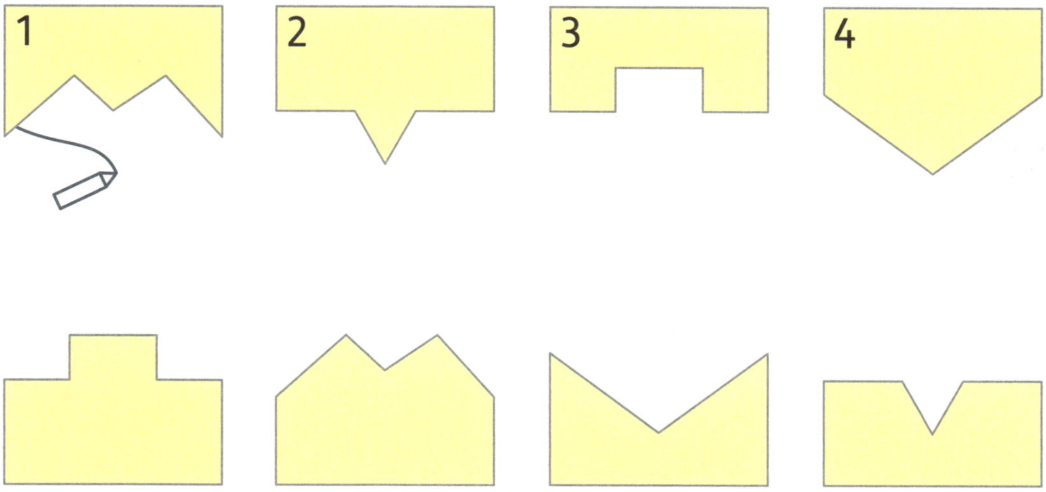

○ **2** Immer 2 Teile ergeben zusammen ein Rechteck. Verbinde.

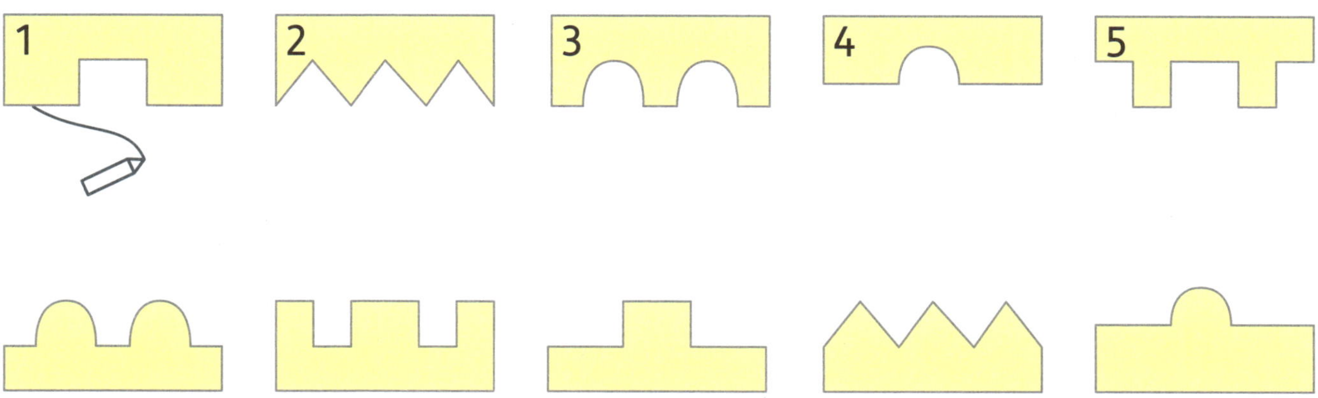

◒ **3** Immer 2 Teile ergeben zusammen einen Kreis. Verbinde.

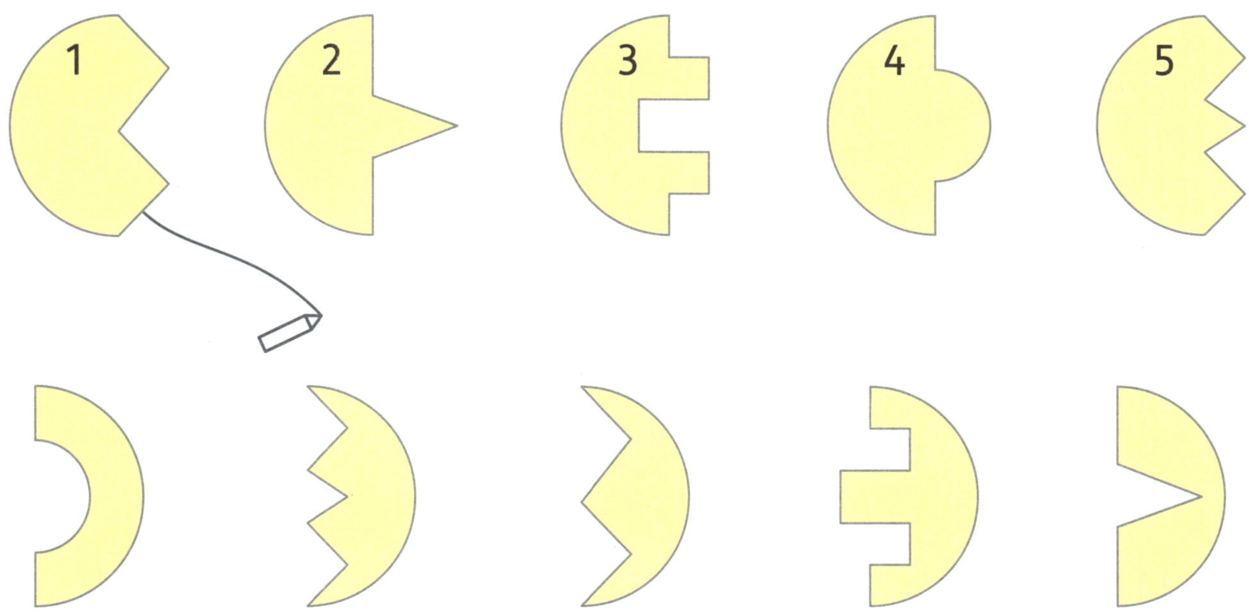

1–3 Die Formen (Quadrat, Rechteck, Kreis) wurden in jeweils 2 Teile zerschnitten. Die Teile in der Vorstellung zur Ausgangsform zusammensetzen. Richtige Formenpaare miteinander verbinden.

→ Schülerbuch, Seite 83

Plus: Rund um die 10

○ **1** Immer 10.

5 5 6 5 2 3 5
9 7 4 1 1 1
3 4 8 9 4 9 2
7 6 6 5 3
8 6 2 1 7 4
8 5 9

○ **2** Ergänze bis zur 10.

3 + ___ = 10   1 + ___ = 10   ___ + 5 = 10   ___ + 0 = 10
2 + ___ = 10   9 + ___ = 10   ___ + 10 = 10   ___ + 8 = 10
8 + ___ = 10   10 + ___ = 10   ___ + 6 = 10   ___ + 7 = 10
5 + ___ = 10   7 + ___ = 10   ___ + 4 = 10   ___ + 1 = 10

○ **3** Ergänze zuerst bis zur 10. Unterstreiche.

<u>6</u> + <u>4</u> + 3 = 10 + 3 = ___   3 + 7 + 4 = ___ + ___ = ___
5 + 5 + 2 = ___ + ___ = ___   1 + 9 + 7 = ___ + ___ = ___
7 + 3 + 6 = ___ + ___ = ___   4 + 6 + 9 = ___ + ___ = ___
9 + 1 + 3 = ___ + ___ = ___   10 + 0 + 6 = ___ + ___ = ___

12 13 13 16 17   14 16 16 17 19

◒ **4** Ergänze zuerst bis zur 10. Unterstreiche.

3 + <u>8</u> + <u>2</u> = 10 + 3 = ___   9 + 1 + 9 = ___ + ___ = ___
6 + 7 + 4 = ___ + ___ = ___   8 + 5 + 5 = ___ + ___ = ___
5 + 4 + 5 = ___ + ___ = ___   10 + 9 + 0 = ___ + ___ = ___
3 + 8 + 7 = ___ + ___ = ___   4 + 8 + 6 = ___ + ___ = ___

13 13 14 17 18   17 18 18 19 19

1 Immer 2 Ziffern einkreisen, deren Summe 10 ergibt. 2 Die Ergänzungsaufgaben ggf. mit Plättchen am Zehnerfeld legen.
3–4 Vorbereitung auf den Zehnerübergang: Immer zuerst die beiden Zahlen unterstreichen, die zusammen 10 ergeben, dann weiterrechnen.

→ Schülerbuch, Seite 84

Plus: Zuerst bis zur 10

○ **1** Ergänze zuerst bis zur 10.

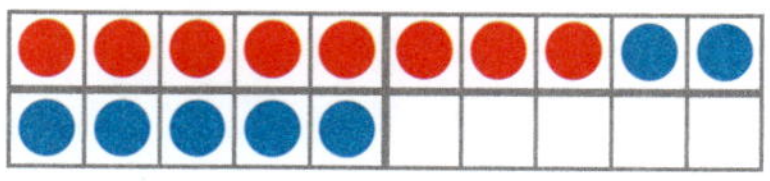

8 + 7 = ___
8 + 2 = 10
10 + ___ = ___

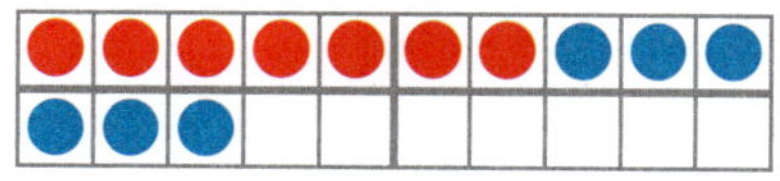

7 + 6 = ___
___ + ___ = 10
___ + ___ = ___

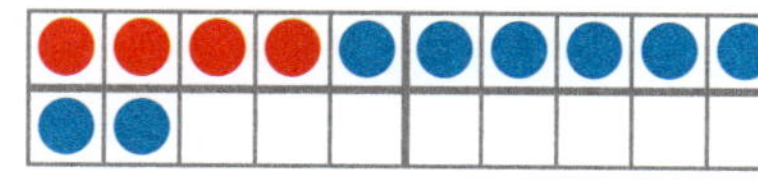

4 + 8 = ___
___ + ___ = 10
___ + ___ = ___

○ **2**

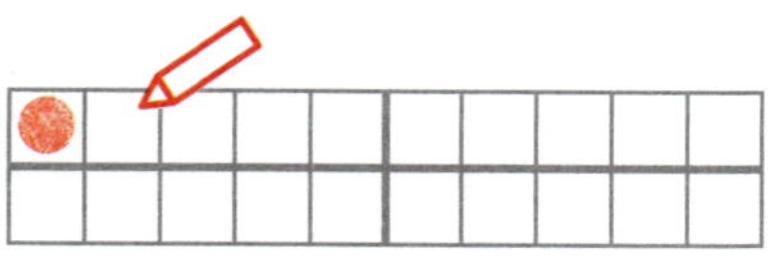

5 + 9 = ___
___ + ___ = 10
___ + ___ = ___

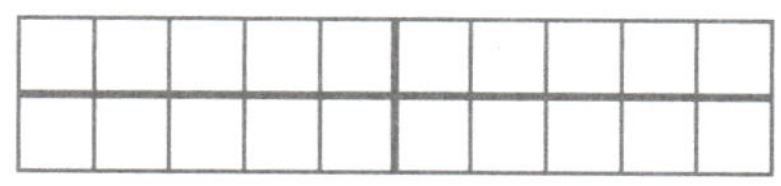

8 + 5 = ___
___ + ___ = 10
___ + ___ = ___

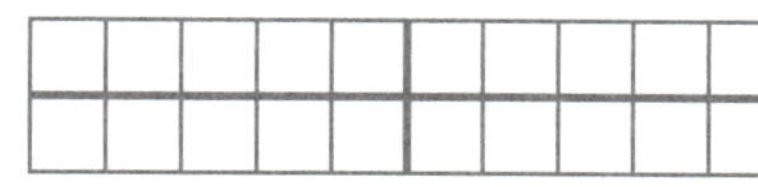

9 + 2 = ___
___ + ___ = 10
___ + ___ = ___

○ **3**

9 + 6 = ___
___ + ___ = ___
___ + ___ = ___

7 + 5 = ___
___ + ___ = ___
___ + ___ = ___

9 + 8 = ___
___ + ___ = ___
___ + ___ = ___

3 + 8 = ___
___ + ___ = ___
___ + ___ = ___

9 + 5 = ___
___ + ___ = ___
___ + ___ = ___

6 + 7 = ___
___ + ___ = ___
___ + ___ = ___

● **4**

7 + 0 = ___
7 + 2 = ___
7 + 4 = ___
___ + ___ = ___
___ + ___ = ___
___ + ___ = ___
___ + ___ = ___

3 + 8 = ___
3 + 9 = ___
4 + 8 = ___
4 + 9 = ___
5 + ___ = ___
___ + ___ = ___
___ + ___ = ___

6 + 8 = ___
7 + 8 = ___
6 + 7 = ___
7 + 7 = ___
___ + 6 = ___
___ + ___ = ___
___ + ___ = ___

1–3 Aufgaben mit der Rechenstrategie „Zuerst bis zur 10, dann weiter“ am Zwanzigerfeld ablesen bzw. zeichnen und lösen, ggf. am Zwanzigerfeld legen. 4 Aufgabenrollen lösen und fortsetzen.

→ Schülerbuch, Seite 85

1 + 1 Tafel

○ **1** Schreibe die Ergebnisse in die 1 + 1 Tafel.

+	0	1	2	3	4	5	6	7	8	9	10
0											10
1											
2											
3											
4											
5											
6											
7											
8											
9											
10											

○ **2** Was bedeuten die Farben? Verbinde.

Aufgaben mit Ergebnis 10	Verdopplungs-aufgaben	Aufgaben mit 0 oder 10	andere Aufgaben

1 Ergebnisse in der 1 + 1 Tafel ergänzen. 2 Die Farbsystematik in der 1 + 1 Tafel erkennen und die Karten mit der entsprechenden Farbe verbinden.

→ Schülerbuch, Seite 86

Plus: Nachbaraufgaben

○ **1** Finde alle Nachbaraufgaben. Welche Aufgabe hilft dir? Kreise ein.

	5 + 7	
6 + 6	6 + 7	6 + 8
	7 + 7	

6 + 7 =

6 + 6 = 12

	_ + _	
_ + _	8 + 3	_ + _
	_ + _	

8 + 3 =

\+ =

	_ + _	
_ + _	7 + 4	_ + _
	_ + _	

7 + 4 =

\+ =

	_ + _	
_ + _	9 + 3	_ + _
	_ + _	

9 + 3 =

\+ =

	_ + _	
_ + _	6 + 5	_ + _
	_ + _	

6 + 5 =

\+ =

	_ + _	
_ + _	_ + _	_ + _
	_ + _	

\+ =

\+ =

◒ **2** Welche Nachbaraufgabe hilft dir? Schreibe auf und rechne.

7 + 2 =
7 + 3 =

4 + 5 =
\+ =

1 + 8 =
\+ =

3 + 8 =
\+ =

9 + 6 =
\+ =

8 + 7 =
\+ =

9 + 4 =
\+ =

5 + 6 =
\+ =

8 + 9 =
\+ =

4 + 7 =
\+ =

7 + 9 =
\+ =

2 + 9 =
\+ =

1 Nachbaraufgaben in den Feldern der 1 + 1 Tafel notieren. Ggf. die 1 + 1 Tafel von Seite 64 zu Hilfe nehmen. Geeignete Nachbaraufgabe auswählen und lösen. Mit deren Hilfe die vorgegebene Aufgabe lösen. 2 Geeignete Nachbaraufgabe auswählen, notieren und lösen. Mit deren Hilfe die vorgegebene Aufgabe lösen.

→ Schülerbuch, Seite 87

Plus: Rechenstrategien

○ 1 Wie rechnest du?

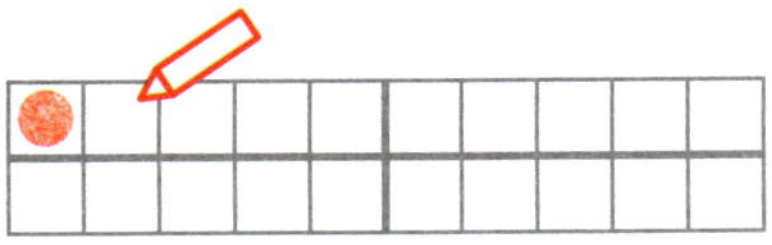

7 + 9 = ____

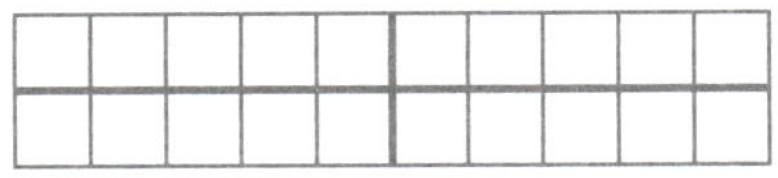

6 + 8 = ____

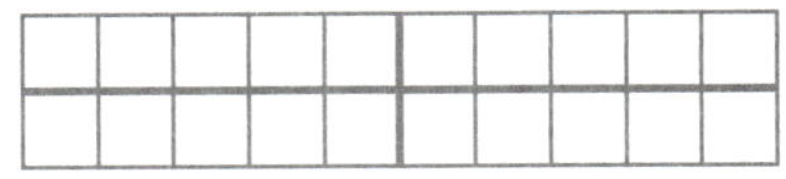

8 + 4 = ____

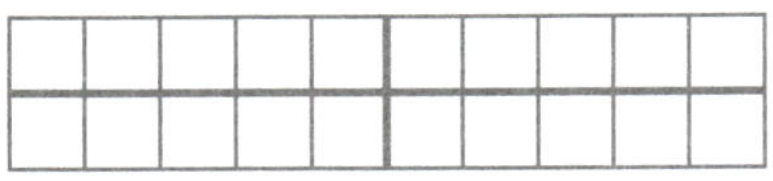

4 + 9 = ____

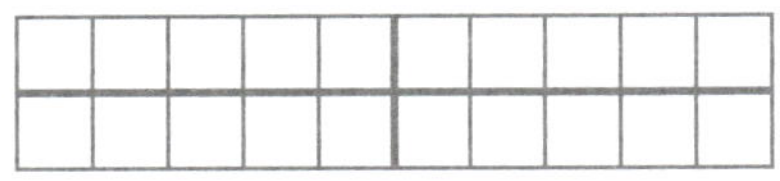

6 + 5 = ____

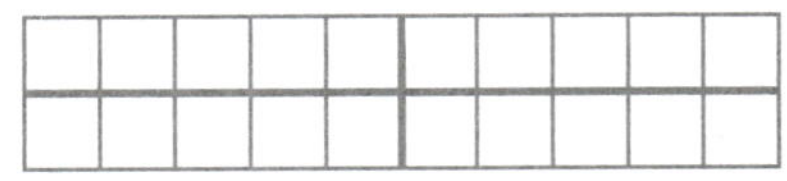

2 + 9 = ____

○ 2

7 + 6 = ____

9 + 7 = ____

7 + 4 = ____

9 + 6 = ____

3 + 8 = ____

8 + 8 = ____

◒ 3

7 + 7 = ____
7 + 6 = ____
7 + 5 = ____
__ + __ = ____
__ + __ = ____
__ + __ = ____
__ + __ = ____
__ + __ = ____

8 + 5 = ____
9 + 5 = ____
8 + 6 = ____
9 + 6 = ____
__ + 7 = ____
__ + __ = ____
__ + __ = ____
__ + __ = ____

6 + 6 = ____
6 + 7 = ____
7 + 6 = ____
7 + 7 = ____
8 + __ = ____
__ + __ = ____
__ + __ = ____
__ + __ = ____

1 Für eine Rechenstrategie entscheiden: Aufgaben am Zwanzigerfeld legen, zeichnen und lösen. 2 Aufgaben mit bevorzugter Rechenstrategie lösen. 3 Aufgabenrollen lösen und fortsetzen.

→ Schülerbuch, Seite 88

Plus: Vorteilhaft rechnen

○ **1** Verdopple zuerst. Unterstreiche.

<u>8</u> + <u>8</u> + 3 = 16 + 3 = ___	<u>7</u> + 5 + <u>7</u> = 14 + 5 = ___
4 + 4 + 2 = ___ + ___ = ___	3 + 4 + 3 = ___ + ___ = ___
5 + 5 + 6 = ___ + ___ = ___	2 + 9 + 9 = ___ + ___ = ___
7 + 7 + 4 = ___ + ___ = ___	6 + 7 + 6 = ___ + ___ = ___
9 + 9 + 1 = ___ + ___ = ___	4 + 0 + 4 = ___ + ___ = ___
10 16 17 18 19 19	8 9 10 19 19 20

○ **2** Rechne bei Aufgaben mit der 9 vorteilhaft.

4 + 9 = ___	2 + 9 = ___	7 + 2 = ___
5 + 6 = ___	9 + 8 = ___	8 + 5 = ___
6 + 9 = ___	6 + 7 = ___	7 + 8 = ___
7 + 6 = ___	9 + 0 = ___	9 + 6 = ___

8 + 7 = ___	7 + 4 = ___
9 + 2 = ___	4 + 5 = ___
5 + 8 = ___	9 + 4 = ___
8 + 9 = ___	6 + 5 = ___

9 11 13 15 17

◐ **3**

Oben	Unten links	Unten rechts
11	3	8
	8	9
	8	7
	9	5
	7	7
	9	9
	5	9
	6	9
	8	8
	9	7

● **4**

Oben	Unten links	Unten rechts
12		
12		
17		
17		
17		

1 Die Verdopplungsaufgaben erkennen, durch Unterstreichen hervorheben und als Rechenvorteil nutzen. **2** Bei den enthaltenen Aufgaben mit der 9 den Rechenvorteil erkennen (z. B. 4 + 9 = 3 + 10) und im Kopf vollziehen. **3** Die fehlenden Zahlen in den Zahlenmauern mithilfe der Addition ergänzen. **4** Verschiedene Lösungen finden.

→ Schülerbuch, Seite 89

Minus: Rund um die 10

○ 1 Immer von der 10.

10 – 5 = ___	10 – 4 = ___	10 – ___ = 5	10 – ___ = 6
10 – 9 = ___	10 – 6 = ___	10 – ___ = 8	10 – ___ = 2
10 – 7 = ___	10 – 8 = ___	10 – ___ = 4	10 – ___ = 0
10 – 3 = ___	10 – 1 = ___	10 – ___ = 1	10 – ___ = 10
10 – 0 = ___	10 – 2 = ___	10 – ___ = 3	10 – ___ = 9

○ 2 Immer bis zur 10.

11 – ___ = 10	15 – 5 = ___	12 – ___ = 10	14 – 4 = ___
17 – ___ = 10	12 – 2 = ___	16 – 6 = ___	15 – ___ = 10
14 – ___ = 10	18 – 8 = ___	13 – ___ = 10	17 – 7 = ___
16 – ___ = 10	13 – 3 = ___	11 – 1 = ___	10 – ___ = 10
19 – ___ = 10	10 – 0 = ___	18 – ___ = 10	19 – 9 = ___

○ 3 Rechne zuerst bis zur 10. Unterstreiche.

13 – 3 – 7 = 10 – 7 = ___	18 – 8 – 7 = ___ – ___ = ___
11 – 1 – 5 = ___ – ___ = ___	15 – 5 – 3 = ___ – ___ = ___
18 – 8 – 4 = ___ – ___ = ___	18 – 8 – 9 = ___ – ___ = ___
16 – 6 – 8 = ___ – ___ = ___	19 – 9 – 8 = ___ – ___ = ___
17 – 7 – 2 = ___ – ___ = ___	13 – 3 – 4 = ___ – ___ = ___

🔑 2 3 5 6 6 8 | 1 2 3 6 7 9

◒ 4 Rechne zuerst bis zur 10. Unterstreiche.

19 – 8 – 9 = 10 – 8 = ___	13 – 3 – 8 = ___ – ___ = ___
17 – 4 – 7 = ___ – ___ = ___	11 – 1 – 9 = ___ – ___ = ___
15 – 6 – 5 = ___ – ___ = ___	14 – 7 – 4 = ___ – ___ = ___
18 – 8 – 1 = ___ – ___ = ___	17 – 7 – 7 = ___ – ___ = ___
12 – 9 – 2 = ___ – ___ = ___	15 – 8 – 5 = ___ – ___ = ___

🔑 1 2 4 6 7 9 | 1 1 2 2 3 3

1–2 Das Abziehen bis zur 10 üben. 3 – 4 Vorbereitung auf den Zehnerübergang: Immer zuerst die beiden Zahlen unterstreichen, die zusammen 10 ergeben, dann weiterrechnen.

→ Schülerbuch, Seite 90

Minus: Zuerst bis zur 10

○ **1** Rechne zuerst bis zur 10.

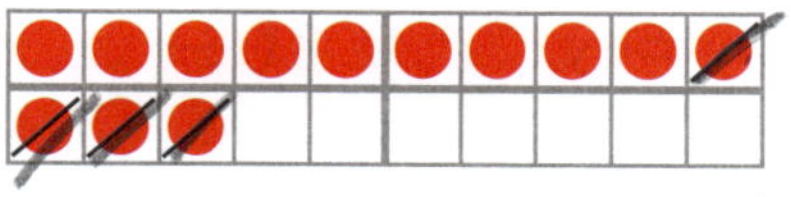

13 − 4 = 9
13 − 3 = 10
10 − 1 = 9

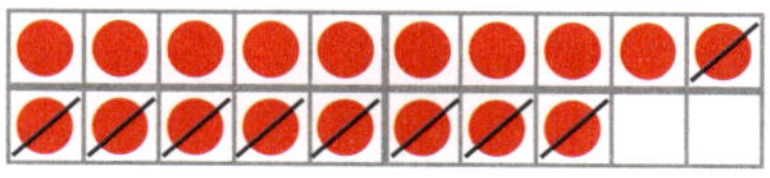

18 − 9 = ___
___ − ___ = 10
___ − ___ = ___

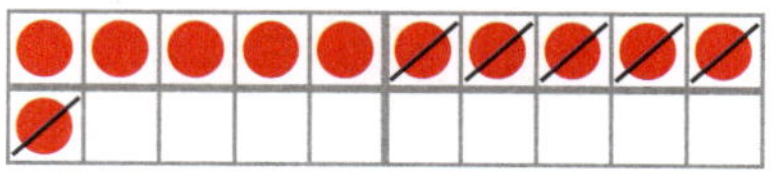

11 − 6 = ___
___ − ___ = 10
___ − ___ = ___

○ **2**

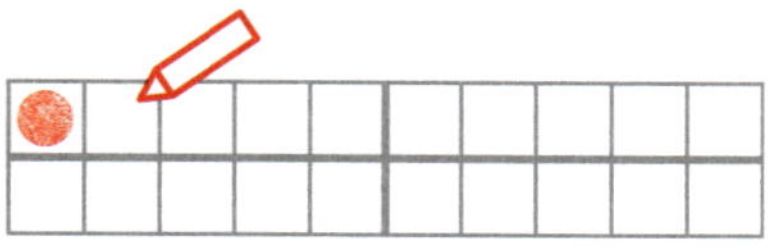

14 − 8 = ___
___ − ___ = 10
___ − ___ = ___

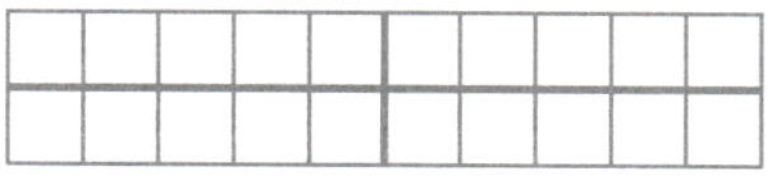

12 − 5 = ___
___ − ___ = 10
___ − ___ = ___

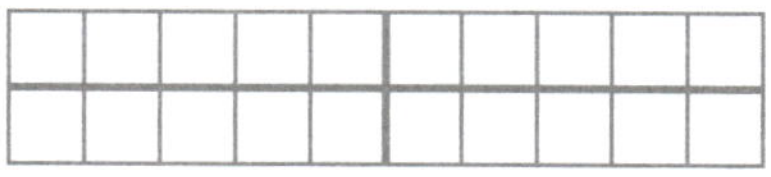

15 − 7 = ___
___ − ___ = 10
___ − ___ = ___

○ **3**

11 − 8 = ___
___ − ___ = ___
___ − ___ = ___

17 − 8 = ___
___ − ___ = ___
___ − ___ = ___

13 − 8 = ___
___ − ___ = ___
___ − ___ = ___

13 − 6 = ___
___ − ___ = ___
___ − ___ = ___

15 − 8 = ___
___ − ___ = ___
___ − ___ = ___

14 − 5 = ___
___ − ___ = ___
___ − ___ = ___

◒ **4**

13 − 4 = ___
13 − 5 = ___
13 − 6 = ___
___ − ___ = ___
___ − ___ = ___
___ − ___ = ___
___ − ___ = ___

13 − 8 = ___
13 − 9 = ___
14 − 8 = ___
14 − 9 = ___
15 − ___ = ___
___ − ___ = ___
___ − ___ = ___

16 − 9 = ___
15 − 9 = ___
16 − 8 = ___
15 − 8 = ___
___ − 7 = ___
___ − ___ = ___
___ − ___ = ___

1–3 Aufgaben mit der Rechenstrategie „Zuerst bis zur 10, dann weiter" am Zwanzigerfeld ablesen bzw. zeichnen und lösen, ggf. am Zwanzigerfeld legen. 4 Aufgabenrollen lösen und fortsetzen.

→ Schülerbuch, Seite 91

Minus: Rechenstrategien

1 Wie rechnest du?

13 − 7 =

11 − 9 =

12 − 8 =

17 − 8 =

14 − 6 =

11 − 7 =

2

14 − 5 =

16 − 7 =

12 − 5 =

18 − 9 =

14 − 7 =

11 − 8 =

3

10 − 9 = ___
11 − 8 = ___
12 − 7 = ___
 − =
 − =
 − =
 − =
 − =

13 − 6 = ___
14 − 6 = ___
13 − 7 = ___
14 − 7 = ___
 − 8 =
 − =
 − =
 − =

16 − 8 = ___
16 − 9 = ___
15 − 8 = ___
15 − 9 = ___
14 − =
 − =
 − =
 − =

1 Für eine Rechenstrategie entscheiden: Aufgaben am Zwanzigerfeld legen, zeichnen und lösen. 2 Aufgaben mit bevorzugter Rechenstrategie lösen. 3 Aufgabenrollen lösen und fortsetzen.

→ Schülerbuch, Seite 93

Minus: Vorteilhaft rechnen

○ 1 Halbiere zuerst. Unterstreiche.

14 – 7 – 3 = 7 – 3 = ____
18 – 9 – 1 = ___ – ___ = ____
12 – 6 – 5 = ___ – ___ = ____
10 – 5 – 3 = ___ – ___ = ____
16 – 8 – 3 = ___ – ___ = ____

10 – 2 – 5 = 5 – 2 = ____
16 – 8 – 4 = ___ – ___ = ____
18 – 6 – 9 = ___ – ___ = ____
12 – 6 – 6 = ___ – ___ = ____
14 – 3 – 7 = ___ – ___ = ____

1 2 4 5 7 8

0 2 3 3 4 4

○ 2 Rechne bei Aufgaben mit der 9 vorteilhaft.

17 – 8 = ____
11 – 4 = ____
16 – 9 = ____
13 – 8 = ____

12 – 9 = ____
11 – 8 = ____
12 – 7 = ____
12 – 3 = ____

15 – 8 = ____
14 – 9 = ____
11 – 2 = ____
15 – 6 = ____

14 – 5 = ____
16 – 7 = ____
13 – 6 = ____
11 – 6 = ____

12 – 5 = ____
13 – 4 = ____
14 – 7 = ____
18 – 9 = ____

3 5 7 9

◒ 3

12	
7	5

14	
	8

13	
6	

16	
9	

11	
	4

15	
	6

17	
8	

14	
	5

12	
9	

16	
	7

● 4

18	

18	

18	

22	

22	

1 Die Halbierungsaufgabe erkennen, durch Unterstreichen hervorheben und als Rechenvorteil nutzen. 2 Bei den enthaltenen Aufgaben mit der 9 den Rechenvorteil erkennen (z. B. 16 – 9 = 16 – 10 + 1) und im Kopf vollziehen. 3 Die fehlenden Zahlen in den Zahlenmauern mithilfe der Subtraktion ergänzen. 4 Verschiedene Lösungen finden.

→ Schülerbuch, Seite 94

Aufgabenfamilien

○ **1**

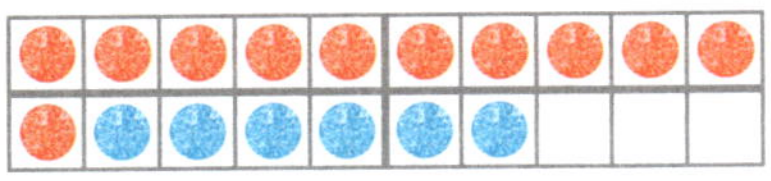

11 + 6 = ___
6 + ___ = ___
17 − 6 = ___
17 − ___ = ___

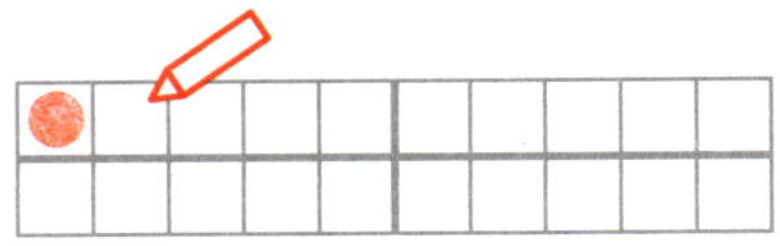

17 + 2 = ___
___ + ___ = ___
19 − 2 = ___
___ − ___ = ___

5 + 12 = ___
___ + ___ = ___
17 − ___ = ___
___ − ___ = ___

7 + 4 = ___
4 + ___ = ___
11 − 4 = ___
11 − ___ = ___

9 + 6 = ___
___ + ___ = ___
15 − 6 = ___
___ − ___ = ___

8 + 7 = ___
___ + ___ = ___
15 − ___ = ___
___ − ___ = ___

○ **2**

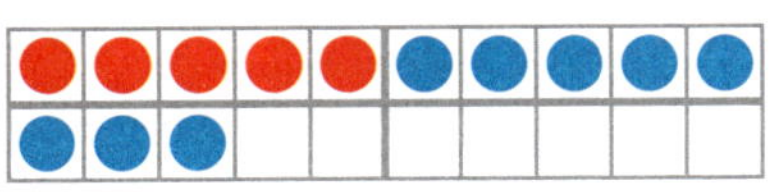

___ + ___ = ___
___ + ___ = ___
___ − ___ = ___
___ − ___ = ___

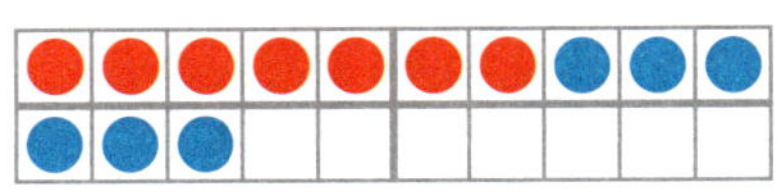

___ + ___ = ___
___ + ___ = ___
___ − ___ = ___
___ − ___ = ___

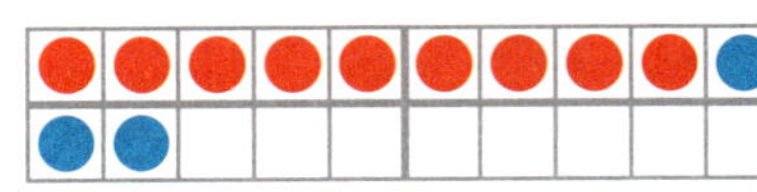

___ + ___ = ___
___ + ___ = ___
___ − ___ = ___
___ − ___ = ___

◒ **3**

___
6 8

6 + 8 = ___
___ + ___ = ___
___ − ___ = ___
___ − ___ = ___

___
9 5

9 + 5 = ___
___ + ___ = ___
___ − ___ = ___
___ − ___ = ___

11
___ ___

___ + ___ = ___
___ + ___ = ___
11 − ___ = 8
___ − ___ = ___

1–2 Die Aufgaben mit Plättchen legen und in die Zwanzigerfelder einzeichnen. Aufgaben notieren und lösen. 3 Fehlende Zahlen im Dach mithilfe der vorgegebenen Aufgaben der Aufgabenfamilie ergänzen. Die Aufgaben der Aufgabenfamilien vervollständigen und lösen.

→ Schülerbuch, Seite 95

Plus- und Minusaufgaben üben

○ 1

6 + 6 = 12	5 + 6 = ___	9 + 9 = ___	4 + 7 = ___
9 + 5 = ___	7 + 7 = ___	4 + 6 = ___	8 + 8 = ___
7 + 4 = ___	3 + 8 = ___	7 + 5 = ___	10 + 9 = ___
8 + 7 = ___	4 + 9 = ___	3 + 9 = ___	7 + 6 = ___
🔑 11 ~~12~~ 13 14 15	11 11 12 13 14	10 12 12 17 18	11 11 13 16 19

○ 2

12 − 3 = ___	18 − 9 = ___	13 − 4 = ___	16 − 8 = ___
14 − 6 = ___	16 − 7 = ___	17 − 9 = ___	15 − 7 = ___
11 − 8 = ___	10 − 5 = ___	12 − 6 = ___	14 − 9 = ___
13 − 9 = ___	15 − 8 = ___	11 − 2 = ___	13 − 6 = ___
🔑 3 4 5 8 9	5 7 8 9 9	6 8 8 9 9	4 5 7 8 8

○ 3

+	3	5	8
9	12		
7			

+	9	2	4
6			
8			

+	7		
5		11	
9			18

−	5	9	7
11			
14			

−	4	7	6
13			
16			

−	8		
15		10	
12			3

◒ 4 Finde die Rechenfehler. Schreibe die richtigen Ergebnisse auf.

8 + 6 = 14 ✓	16 − 8 = 9 ___	2 + 9 = 12 ___
6 + 5 = ~~12~~ 11	14 − 6 = 8 ___	17 − 8 = 9 ___
4 + 7 = 11 ___	12 − 4 = 8 ___	9 + 4 = 13 ___
9 + 3 = 13 ___	13 − 5 = 9 ___	15 − 6 = 8 ___

● 5

Zahlenmauer	oben	unten links	unten rechts
1	24	13	11
2		13	12
3	22		12
4	27	24	
5	24		22
6	21	19	

1–2 Aufgaben lösen und mit den grünen Lösungszahlen kontrollieren. Pro Päckchen bleibt eine Lösungszahl übrig. 3 Die fehlenden Zahlen in den Tabellen mithilfe der Addition und Subtraktion ergänzen. 4 Rechenfehler finden und falsche Ergebnisse korrigieren. 5 Aufgaben in den Zahlenmauern über den Zahlenraum bis 20 hinaus lösen.

→ Schülerbuch, Seiten 96/97

Mit Geld rechnen

○ **1**

1

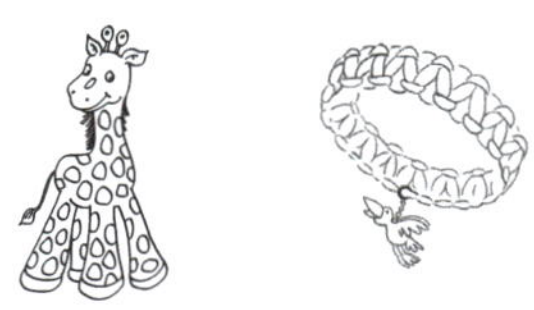

4 € + 3 € = ___ €

2

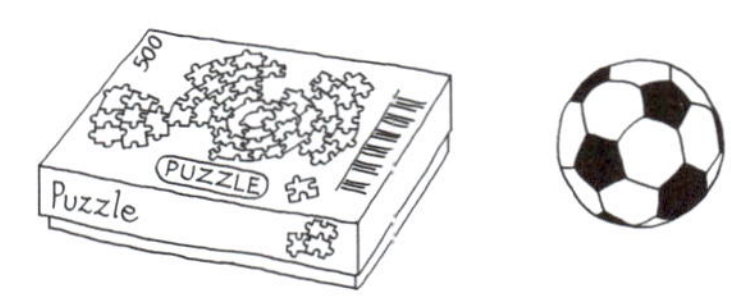

3

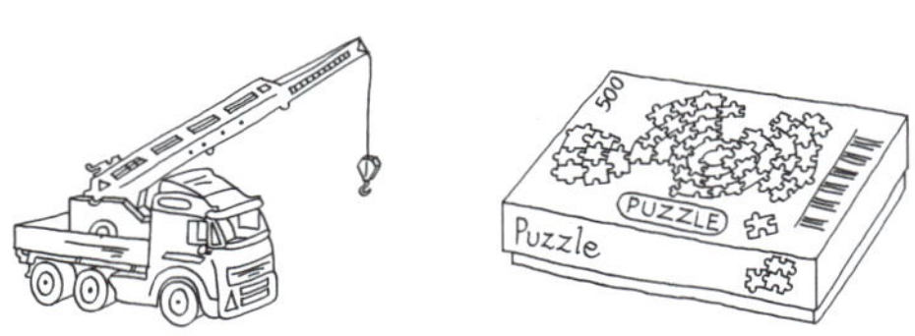

4

◒ **2**

1

2

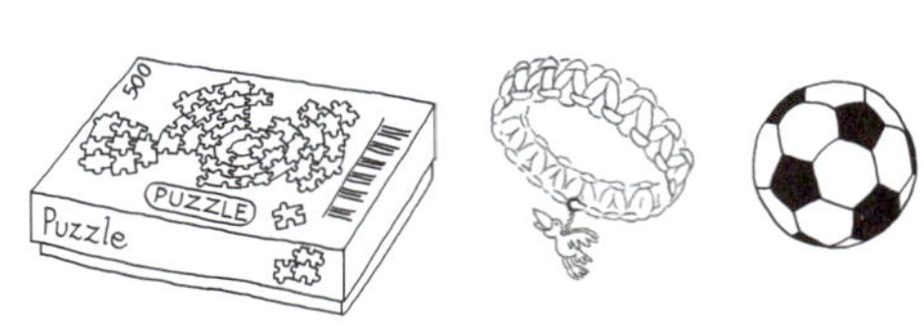

1–2 Jeweils den Gesamtpreis berechnen. Die Gesamtpreise mit möglichst wenigen Geldscheinen und Münzen zeichnen.

→ Schülerbuch, Seite 98

Mit Geld rechnen

○ **1** Lea hat:

Sie kauft:

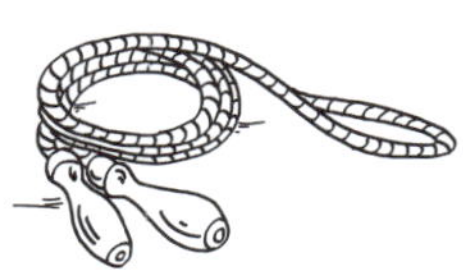

F: Wie viel bekommt Lea zurück?

L: 11 € – 6 € = ____ €

A: Lea bekommt ____ € zurück.

Tom hat:

Er kauft:

F: ______________________________

____

L: ______________________________

A: ______________________________

◒ **2** Jona hat:

Er kauft:

F: ______________________________

____

L: ______________________________

A: ______________________________

Mia hat:

Sie kauft:

F: ______________________________

____

L: ______________________________

A: ______________________________

1 – 2 Jeweils das Rückgeld berechnen, dafür die Aufgaben mit den 3 Lösungsschritten (fragen, lösen, antworten) bearbeiten.

→ Schülerbuch, Seite 99

Fragen zuordnen

○ **1** 5 Fragen kannst du beantworten. Verbinde und antworte.

Wie viele Ringe hat der Rabe schon geworfen?

Der Rabe hat schon

Wer gewinnt das Fußballspiel?

Wie viel Geld muss Eva bezahlen?

Wie viele Punkte hat der Rabe schon?

Wie viele Kinder spielen Fußball?

Wie alt sind Peter und Eva?

Wer hat gerade den Ball?

1 Entscheiden, welche Fragen beantwortet werden können und welche aufgrund fehlender Informationen nicht. Die Fragen beantworten und mit dem passenden Bild verbinden.

→ Schülerbuch, Seite 100

Fragen stellen

○ **1** Lies die Fragen und antworte.

1

Wie viele Spinnen sind im Netz?

_____ Spinnen sind im Netz.

2

Aus wie vielen Würfeln besteht die Figur?

Sie besteht aus _____ Würfeln.

◒ **2** Schreibe passende Fragen und antworte.

1

____

____

____

2

____

____

____

3

____

____

____

4

____

____

____

1 Fragen beantworten und entsprechende Anzahlen in den vorgegebenen Antwortsätzen ergänzen. 2 Passende Fragen zu den Bildern stellen, notieren und beantworten. Es sind jeweils verschiedene Fragen zu Farben, Gruppierungen usw. möglich.

→ Schülerbuch, Seite 101

Mit Skizzen arbeiten

○ **1** Wie alt ist jedes Kind? Löse mit einer Skizze.

Jonas ist 6 Jahre alt.
Mia ist 5 Jahre älter.

J O O O O O O

M O O O O O O O O O O O

Jonas ist ____ Jahre alt und

Mia ist ____ Jahre alt.

Clara ist 12 Jahre alt.
Tim ist 5 Jahre jünger.

C

T

Clara ist ____ Jahre alt und

Tim ist ____ Jahre alt.

Mara ist 7 Jahre älter als Leo.
Leo ist 4 Jahre alt.

Leo ist ____ Jahre alt und

Mara ist ____ Jahre alt.

Pia ist doppelt so alt wie Musa.
Musa ist 6 Jahre alt.

Musa ist ____ Jahre alt und

Pia ist ____ Jahre alt.

◒ **2** Tom ist halb so alt wie Sara.
Sara ist halb so alt wie Lars.
Lars ist 12 Jahre alt.

Lars ist ____ Jahre alt,

Sara ist ____ Jahre alt und

Tom ist ____ Jahre alt.

Lina ist 3 Jahre jünger als Alex.
Alex ist 7 Jahre alt. Emma ist
4 Jahre älter als Alex.

Alex ist ____ Jahre alt,

Lina ist ____ Jahre alt und

Emma ist ____ Jahre alt.

1–2 Die Aufgaben jeweils mit einer Skizze lösen und die Ergebnisse – das Alter der Kinder – eintragen.

→ Schülerbuch, Seite 102

Gleichungen zuordnen

○ 1 Verbinde mit der passenden Gleichung. Eine Gleichung bleibt übrig.
Löse die Aufgaben.

Marlon hat noch

____ Blumen übrig.

Amelie bekommt

____ € zurück.

Johanna hält

____ Ballons.

$6 + 6 =$ ____	$15 - 5 =$ ____	$7 + 6 =$ ____	$20 - 17 =$ ____

◒ 2 Verbinde mit der passenden Gleichung. Eine Gleichung bleibt übrig.
Löse die Aufgaben.

Lukas hat 13 € im Sparschwein. Davon kauft er sich ein Auto für 5 €.

Lukas hat jetzt noch

____ € im Sparschwein.

Anne sammelt Tierbilder. Sie hat 13 Pferdebilder. Außerdem hat sie noch 5 Bilder mit anderen Tieren.

Anne hat insgesamt

____ Tierbilder.

Silas ist auf dem Flohmarkt. Von seinen 13 CDs hat Jona 5 CDs gekauft. 5 weitere CDs kaufte Melina.

Silas hat nun noch

____ CDs.

$13 + 5 =$ ____	$13 - 5 - 5 =$ ____	$13 + 5 - 5 =$ ____	$13 - 5 =$ ____

1–2 Die Aufgaben jeweils mit der passenden Gleichung verbinden, lösen und beantworten.

→ Schülerbuch, Seite 103

Wiederholung

○ 1 Wie rechnest du?

6 + 9 = ______

5 + 8 = ______

9 + 4 = ______

7 + 5 = ______

8 + 3 = ______

8 + 7 = ______

○ 2 Wie rechnest du?

15 − 8 = ______

12 − 9 = ______

11 − 3 = ______

11 − 7 = ______

14 − 5 = ______

13 − 8 = ______

◒ 3

2 + 10 = ___	16 − 9 = ___	5 + 7 = ___
4 + 9 = ___	16 − 8 = ___	6 − 6 = ___
6 + 8 = ___	15 − 7 = ___	7 + 5 = ___
8 + 7 = ___	15 − 6 = ___	8 − 4 = ___
___ + ___ = ___	14 − ___ = ___	___ = ___
___ + ___ = ___	___ − ___ = ___	___ = ___
___ + ___ = ___	___ − ___ = ___	___ = ___
___ + ___ = ___	___ − ___ = ___	___ = ___

1–2 Additions- und Subtraktionsaufgaben mit bevorzugter Rechenstrategie lösen. Den Lösungsweg notieren.
3 Aufgabenrollen lösen und fortsetzen. **Selbsteinschätzung:** Den entsprechenden Raben am Seitenanfang ankreuzen.

→ Schülerbuch, Seiten 104/105

Knobeln mit Zahlen

○ 1 Welches Zeichen steht für welche Zahl?

★(3) + 4 = 7	13 − ★(7) = 6	♥ + 4 = 18	★ + 13 = 15
12 − ★(3) = ♥(9)	★(7) − 6 = ♥(1)	★ + ♥ = 20	♥ − ★ = 8
★ 3 ♥ 9	★ 7 ♥ 1	★ ___ ♥ ___	★ ___ ♥ ___

13 − ✿ = 8	19 − ✿ = 2	✿ + ✿ = 18	✿ + ✿ = 16
⌂ − 6 = ✿	✿ + 3 = ⌂	13 − ✿ = ⌂	✿ − ⌂ = ✿
✿ ___ ⌂ ___	✿ ___ ⌂ ___	✿ ___ ⌂ ___	✿ ___ ⌂ ___

◒ 2

● + ● = 16	■ + ● = 20
2 + ● = ▲	14 − ● = ●
⬣ − ▲ = 5	■ − ⬣ = 4
● + ■ = 12	● + ⬣ = ▲
● ___ ▲ ___ ⬣ ___ ■ ___	■ ___ ● ___ ⬣ ___ ▲ ___

● 3

▲ + ▲ + ▲ = 3	⬣ + ● + ■ = 18
16 − ⬣ − ⬣ = 10	■ + ■ + ■ = 15
▲ + ⬣ + ■ = 18	12 − ● − ● = 0
17 − ▲ − ■ = ●	● + ⬣ + ▲ = 17
▲ ___ ⬣ ___ ■ ___ ● ___	■ ___ ● ___ ⬣ ___ ▲ ___

1–3 Die Zahlbeziehungen erkennen und zum Lösen der Symbolrätsel nutzen. Jede Form/Farbe steht dabei für eine Zahl. Die Lösungen auf den dafür vorgesehenen Linien eintragen. Die Kinder können die Zahlen als zusätzliche Hilfe auch direkt in die Formen notieren.

→ Schülerbuch, Seite 107

Muster zeichnen

freihändig

○ **1** Zeichne die Muster.

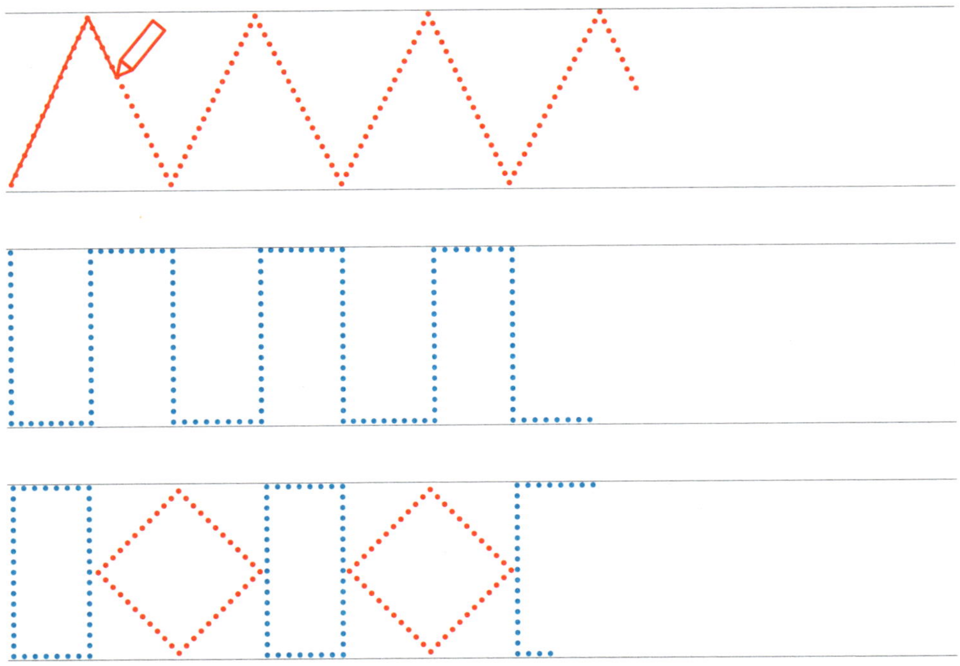

Lineal

○ **2**

a)

b)

c)

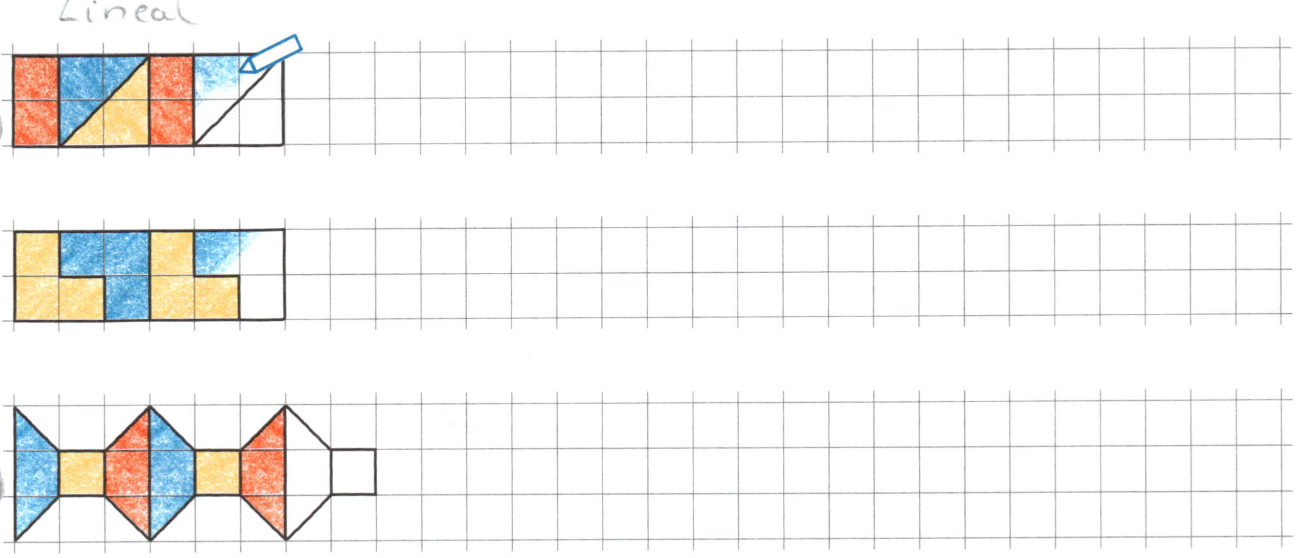

◒ **3** Zeichne die Figuren.

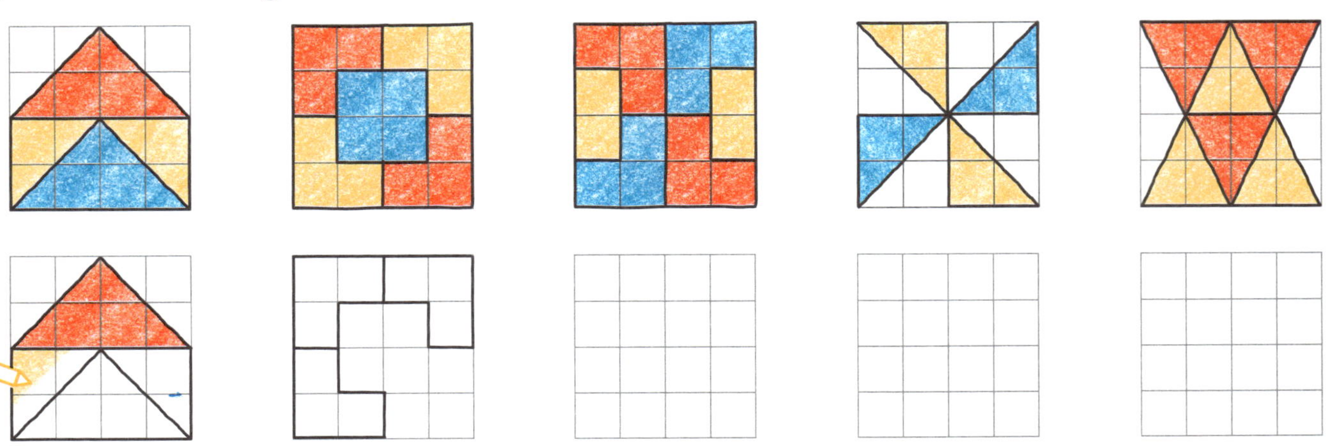

1 Angefangene Muster nachspuren und fortsetzen. **2** Bandornamente im Kästchenraster fortsetzen. **3** Abgebildete Muster in der oberen Reihe jeweils im Kästchenraster der unteren Reihe nachzeichnen und wie vorgegeben ausmalen.

→ Schülerbuch, Seite 109

Mit dem Geobrett experimentieren

○ **1** Spanne Dreiecke wie Fatima und zeichne sie.

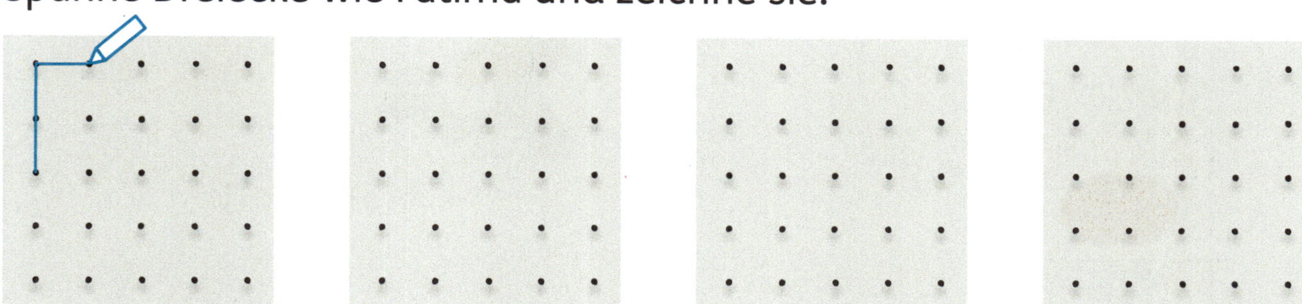

◒ **2** Spanne Dreiecke wie Max und zeichne sie.

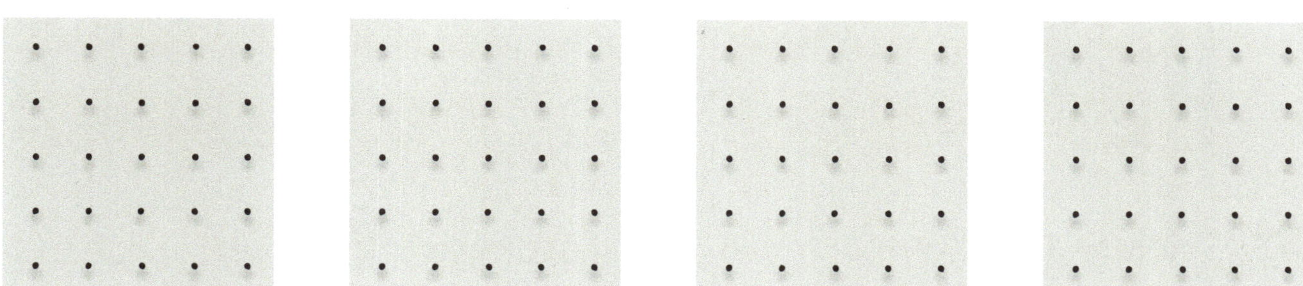

● **3** Spanne Dreiecke wie Tom und zeichne sie.

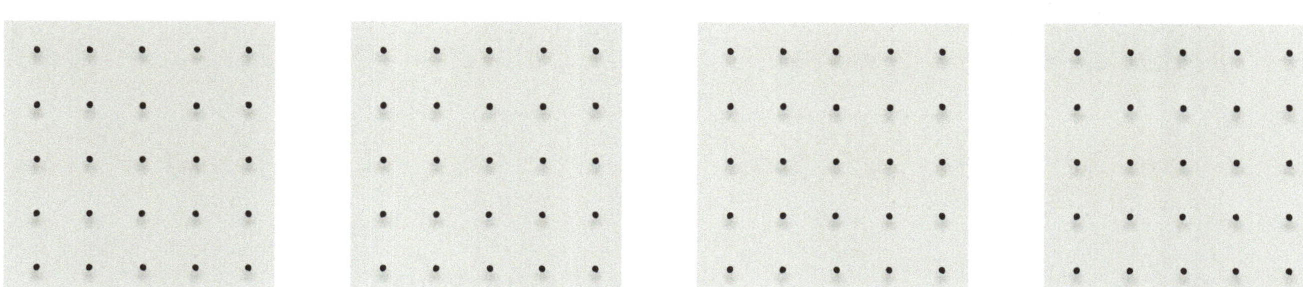

1–3 Jeweils mindestens 4 verschiedene Möglichkeiten am Geobrett finden und spannen. Die Lösungen in die vorgegebenen Punkteraster übertragen.

→ Schülerbuch, Seite 111

Wege finden

○ **1** Folge der Wegbeschreibung.

Auf welchem Buchstaben landest du?

A		C		M
	B		T	
E		N		P
	S		R	
D		I		Z
Start	G		L	

nach rechts →
nach links ←
nach oben ↑
nach unten ↓

3↑ 3→ 1↓	R (1)
2→ 5↑ 2←	(2)
2↑ 1→ 2↑	(3)
4→ 3↑ 4←	(4)

Lösungswort: R (1) _ (2) _ (3) _ (4)

○ **2**

3→ 1↑ 2← 1↑	(1)
1→ 4↑ 3→ 1↓	(2)
3↑ 1→ 2↓ 1→	(3)
3↑ 4→ 1↑ 1←	(4)
3→ 2↑ 1→ 1↓	(5)
5↑ 2→ 2↓ 2←	(6)

Lösungswort: _ (1) _ (2) _ (3) _ (4) _ (5) _ (6)

◒ **3**

5↑ 3→ 1↓ 2← 4↓	(1)
1↑ 4→ 1↑ 4← 1↑	(2)
4→ 5↑ 4← 2↓ 2→	(3)
2↑ 3→ 2↓ 1← 1↑	(4)
4→ 5↑ 2↓ 4← 2↑	(5)
4↑ 4→ 3↓ 1← 1↓	(6)

Lösungswort: _ (1) _ (2) _ (3) _ (4) _ (5) _ (6)

1–3 Der jeweiligen Wegbeschreibung auf dem Plan vom Startfeld aus mit einem Plättchen folgen und den Zielbuchstaben eintragen. Die Selbstkontrolle erfolgt durch die sich ergebenden Lösungswörter.

→ Schülerbuch, Seite 113

Zauberdreiecke

○ **1** Auf jeder Seite zusammen immer 10.

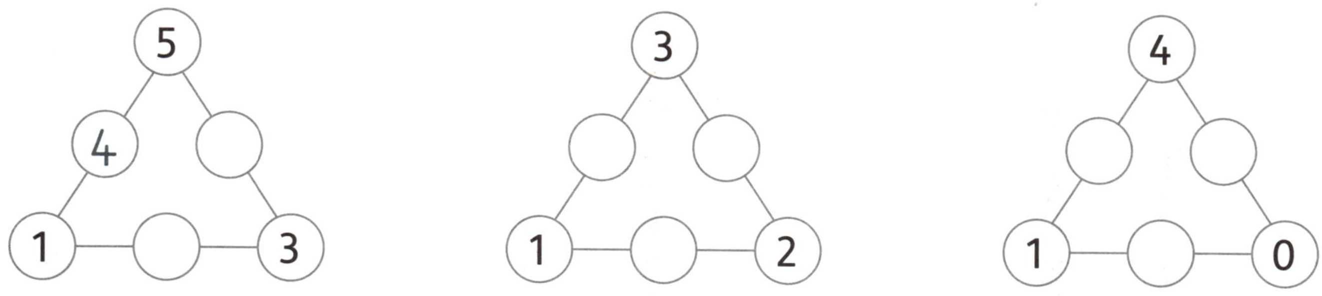

Immer 10. Immer 10. Immer 10.

○ **2**

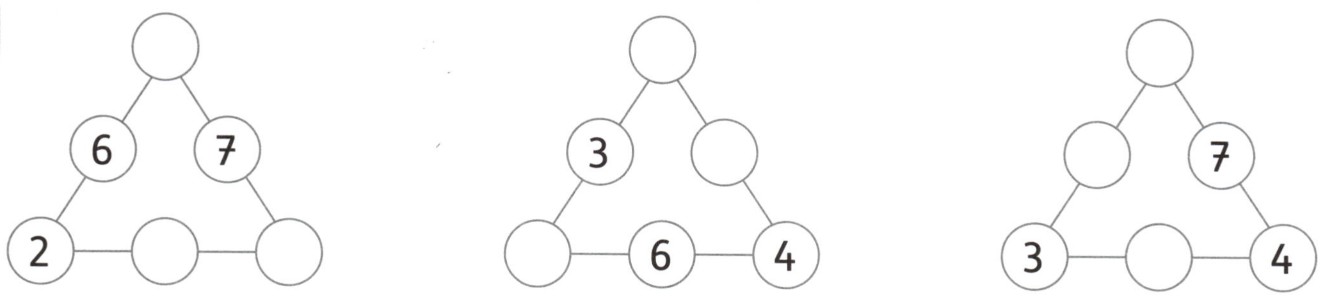

Immer 11. Immer 12. Immer 13.

○ **3** Finde zuerst die Zauberzahl.

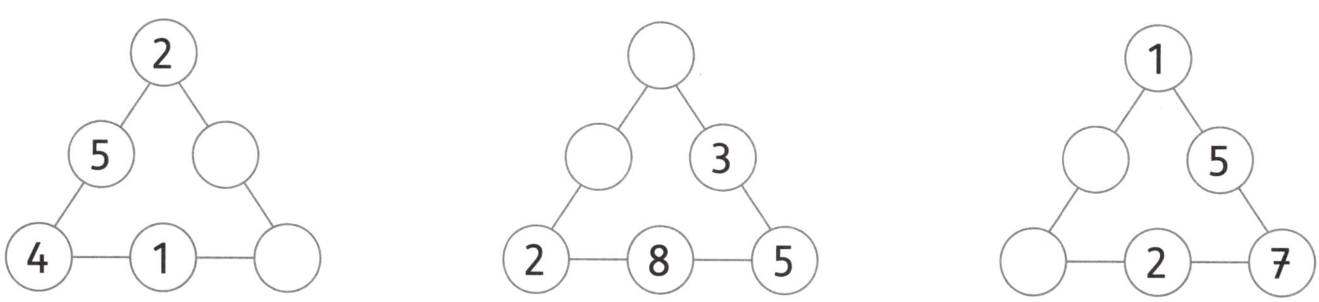

Immer ____. Immer ____. Immer ____.

◒ **4** Löse durch Probieren.

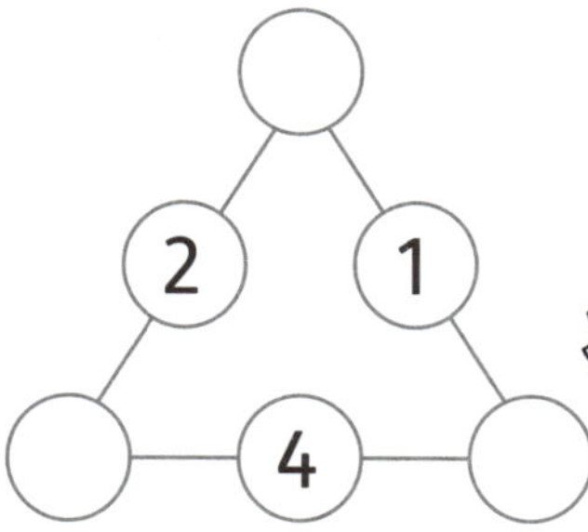

Immer 15.

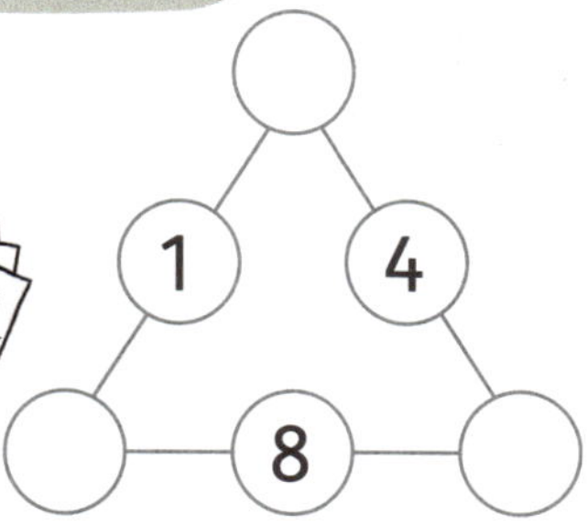

Immer 15.

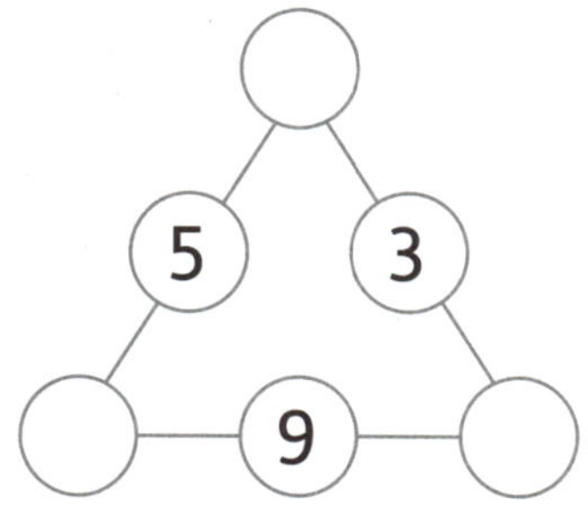

Immer 15.

Die Seiten eines Zauberdreiecks sind immer summengleich (Zauberzahl). Keine Zahl darf in einem Zauberdreieck mehrfach verwendet werden. **1–2** Die fehlenden Zahlen in den Zauberdreiecken ergänzen. **3** Zunächst die Zauberzahl mithilfe der komplett vorgegebenen Seite berechnen. **4** Zum Probieren die Zahlenkarten von 0 bis 9 nutzen.

→ Schülerbuch, Seiten 114/115

Plus: Gleichungen und Ungleichungen

○ **1**

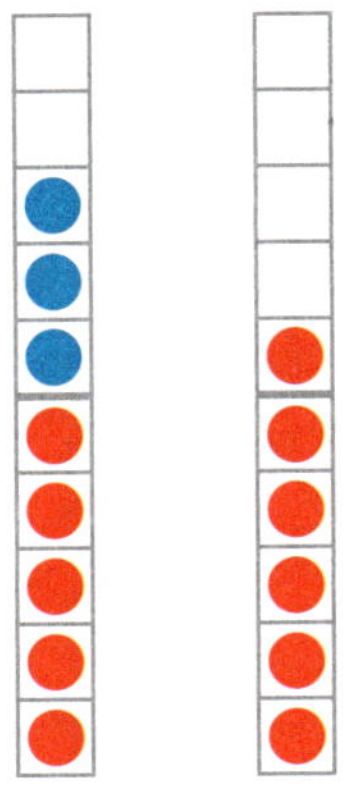

5 + 3 (>) 6

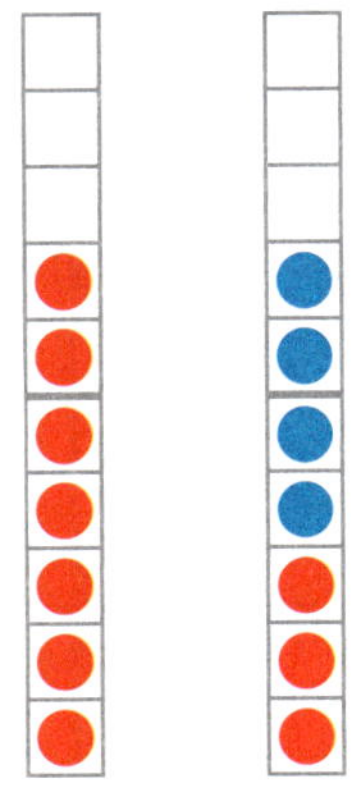

7 ◯ 3 + 4

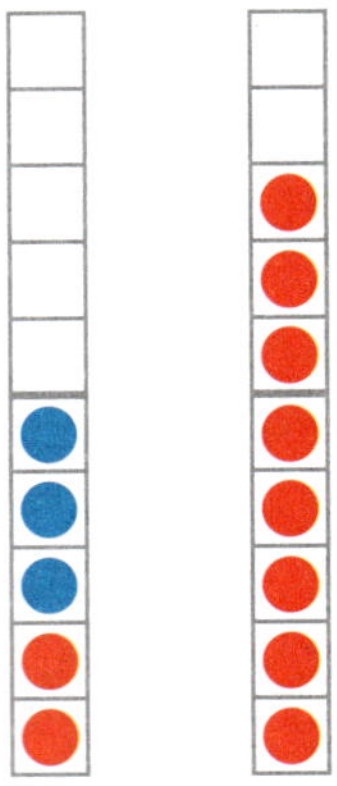

2 + 3 ◯ 8

○ **2**

9 + 6 ◯ 14	3 + 8 ◯ 12	14 ◯ 12 + 1	16 ◯ 9 + 7
9 + 5 ◯ 14	7 + 6 ◯ 15	14 ◯ 11 + 3	18 ◯ 9 + 8
9 + 4 ◯ 14	8 + 9 ◯ 16	14 ◯ 10 + 5	14 ◯ 7 + 8
9 + 3 ◯ 14	4 + 8 ◯ 12	14 ◯ 9 + 7	15 ◯ 4 + 7
9 + 2 ◯ 14	5 + 7 ◯ 13	14 ◯ 8 + 9	13 ◯ 7 + 6

○ **3**

5 + 4 ◯ 6 + 7	6 + 6 ◯ 7 + 4	7 + 5 ◯ 6 + 4
6 + 4 ◯ 5 + 5	3 + 8 ◯ 9 + 1	8 + 8 ◯ 3 + 9
7 + 4 ◯ 9 + 1	7 + 7 ◯ 6 + 8	5 + 7 ◯ 9 + 4
8 + 4 ◯ 7 + 6	8 + 9 ◯ 5 + 8	3 + 9 ◯ 5 + 7
9 + 4 ◯ 8 + 3	5 + 6 ◯ 3 + 9	6 + 8 ◯ 9 + 6

◒ **4**

6 + 6 | 9 + 7 | 5 + 9 | 12 + 0 | 3 + 7

7 + 4 | 14 + 4 | 9 + 4 | 7 + 5

6 + 4

8 + 4 | 3 + 5

___ + ___ | ___ + ___ | ___ + ___ | ___ + ___ | ___ + ___

1–3 Rechensätze vergleichen. Passende Relationszeichen eintragen. 4 Aufgabenkarten mit der jeweiligen Farbe der Lösung ausmalen. Für die farbigen leeren Aufgabenkarten entsprechende Aufgaben finden.

→ Schülerbuch, Seite 116

Minus: Gleichungen und Ungleichungen

○ 1

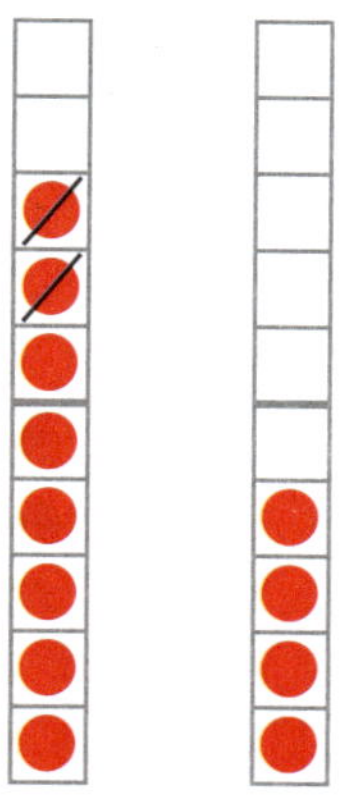

8 − 2 ◯ 4

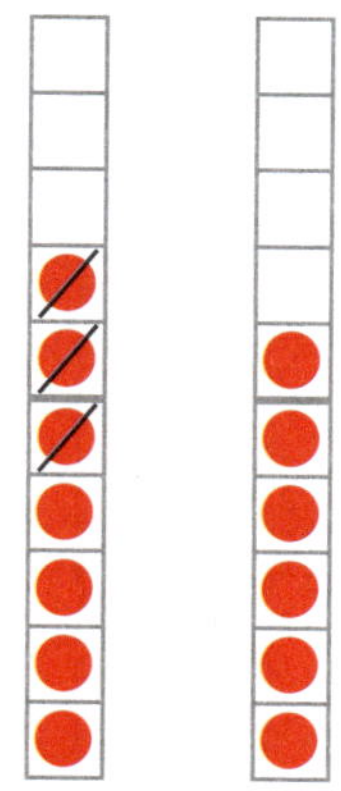

7 − 3 ◯ 6

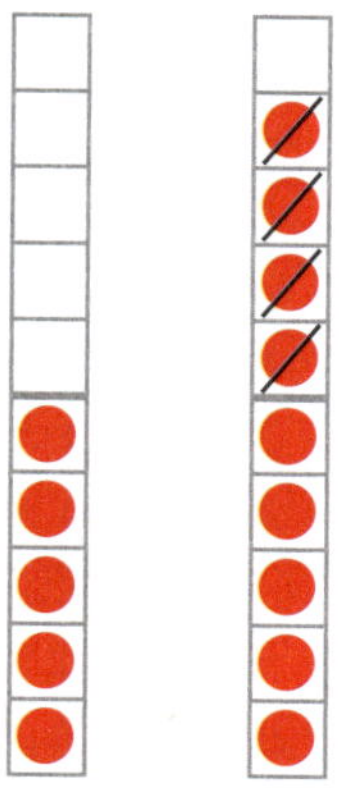

5 ◯ 9 − 4

○ 2

15 − 4 ◯ 8	13 − 5 ◯ 7	11 ◯ 19 − 3	9 ◯ 12 − 3
15 − 5 ◯ 8	16 − 9 ◯ 8	11 ◯ 18 − 4	7 ◯ 15 − 7
15 − 6 ◯ 8	18 − 9 ◯ 8	11 ◯ 17 − 5	8 ◯ 13 − 6
15 − 7 ◯ 8	14 − 6 ◯ 9	11 ◯ 16 − 6	6 ◯ 17 − 9
15 − 8 ◯ 8	12 − 7 ◯ 6	11 ◯ 15 − 7	9 ◯ 16 − 7

◒ 3

13 − 2 ◯ 15 − 3	15 − 6 ◯ 14 − 5	19 − 7 ◯ 15 + 3
13 − 3 ◯ 11 − 0	14 − 8 ◯ 10 − 2	17 − 5 ◯ 9 + 6
13 − 4 ◯ 15 − 6	13 − 7 ◯ 15 − 7	9 + 4 ◯ 15 − 2
13 − 5 ◯ 12 − 9	16 − 4 ◯ 18 − 5	12 − 6 ◯ 10 + 5
13 − 6 ◯ 10 − 2	12 − 8 ◯ 15 − 11	5 + 7 ◯ 12 − 5

◒ 4

13 − 5 | 13 − 4 | 16 − 8 | 13 − 10 | 18 − 9

15 − 8 | 14 − 6 | 17 − 5 | 9 − 2

18 − 10

12 − 3 | 7 − 0

___ − ___ | ___ − ___ | ___ − ___ | ___ − ___ | ___ − ___

1–3 Rechensätze vergleichen. Passende Relationszeichen eintragen. 4 Aufgabenkarten mit der jeweiligen Farbe der Lösung ausmalen. Für die farbigen leeren Aufgabenkarten entsprechende Aufgaben finden.

→ Schülerbuch, Seite 117

Mit Zahlenmauern experimentieren

○ **1** Rechne. Wie geht es weiter? Setze fort.

1

Mauer	oben	Mitte	unten
a		4,	3, 1, 4
b		,	3, 2, 4
c		,	3, 3, 4
d		,	3, 4,

2

Mauer	oben	Mitte	unten
a		,	2, 5, 2
b		,	3, 5, 3
c		,	4, 5, 4
d		,	, ,

◐ **2**

1

Mauer	oben	Mitte	unten
a		8, 2	, 1,
b		8, 3	, 2,
c		8, 4	, 3,
d		,	, ,

2

Mauer	oben	Mitte	unten
a	15	9,	5, ,
b	15	8,	5, ,
c	15	, 8	, , 6
d		,	, ,

● **3** Bilde Zahlenmauern. Welche Karte bleibt jeweils übrig?

Karten 1	Karten 2	Karten 3
15, 10, 8, 2, 5, 7, 3	9, 7, 1, 17, 8, 2, 19	5, 3, 11, 1, 14, 2, 9

(Drei leere Zahlenmauern)

1–2 Die Zahlenmauern lösen. Das arithmetische Muster in den Zahlenmauern einer Reihe erkennen und in der letzten Mauer fortsetzen. 3 Die Zahlenmauern mit Zahlenkarten legen, dann die Lösungen notieren.

→ Schülerbuch, Seiten 118/119

Zahlenfolgen

○ **1** Setze die Zahlenfolge fort.

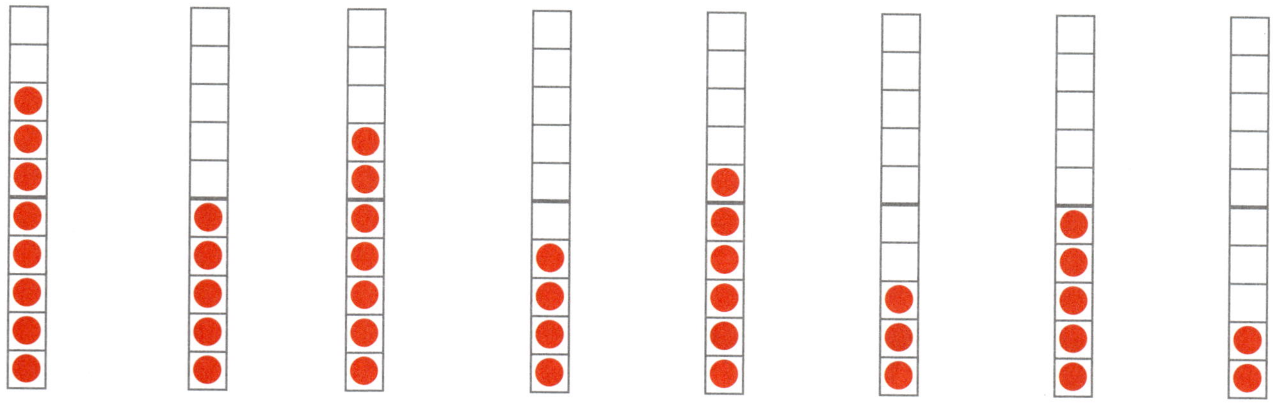

8	−3 →	5	+2 →	7	−3 →		+2 →		→		→		→	

○ **2** Setze die Zahlenfolge fort und zeichne.

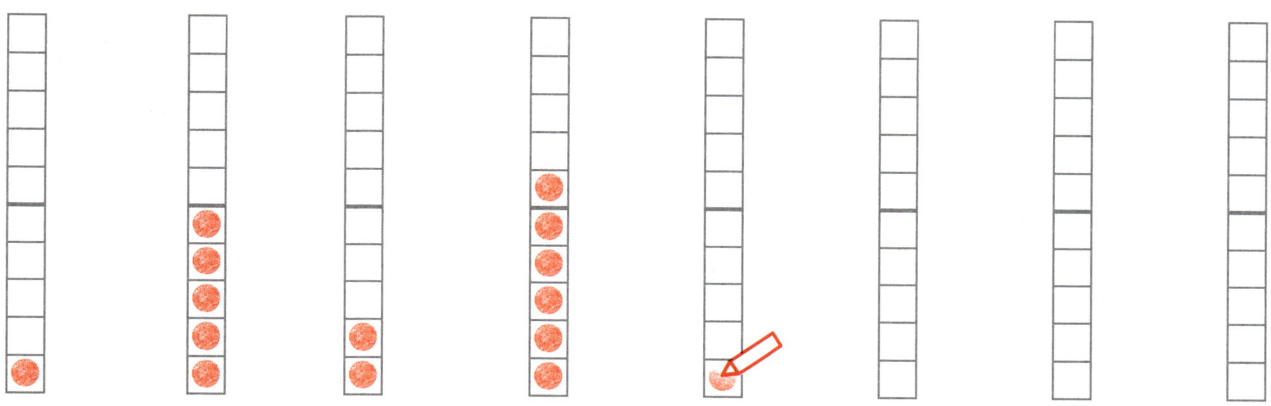

1	+4 →	5	−3 →	2	+4 →		−3 →		→		→		→	

○ **3**

2	+2 →	4	+2 →	6	+2 →		→		→		→		→	
19	→	17	→	15	→		→		→		→		→	
5	→	6	→	8	→	9	→	11	→		→		→	

◒ **4**

8	→	0	→	10	→	2	→	12	→		→		→	
7	→	3	→	9	→	5	→	11	→		→		→	
2	→	11	→	4	→	13	→	6	→		→		→	

1–4 Die Regelmäßigkeiten in den Zahlenfolgen erkennen und fortsetzen.

→ Schülerbuch, Seite 120

Kombinieren

○ **1** Der Rabe möchte Luftballons nebeneinander aufhängen.
Welche verschiedenen Möglichkeiten gibt es? Färbe die Luftballons.

3 Luftballons: 

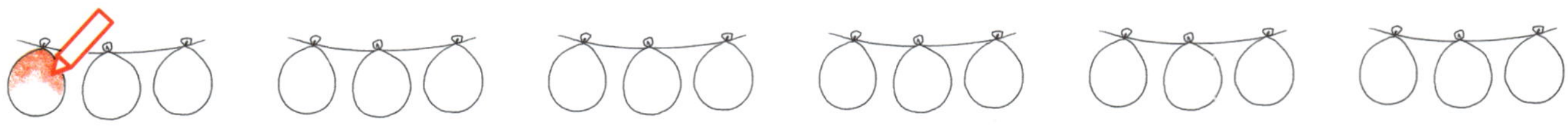

4 Luftballons: 

◒ **2** Die Muffins werden mit bunten Herzen geschmückt.
Wie viele Möglichkeiten gibt es? Färbe die Herzen.

Jeder Muffin bekommt: 

Jeder Muffin bekommt: 

Jeder Muffin bekommt: 

1–2 Unter Berücksichtigung der vorgegebenen Bedingungen alle möglichen Anordnungen durch systematisches Vorgehen finden. Die Luftballons bzw. Herzen entsprechend färben.

→ Schülerbuch, Seite 121

Zufallsexperimente

○ 1 Sicher, möglich oder unmöglich?

Der Rabe zieht 🔵.

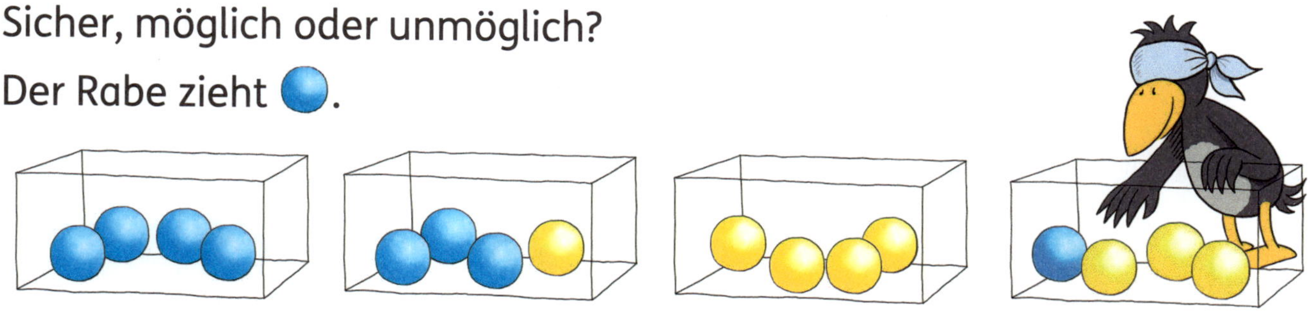

sicher	______	______	______

Der Rabe zieht 🟡.

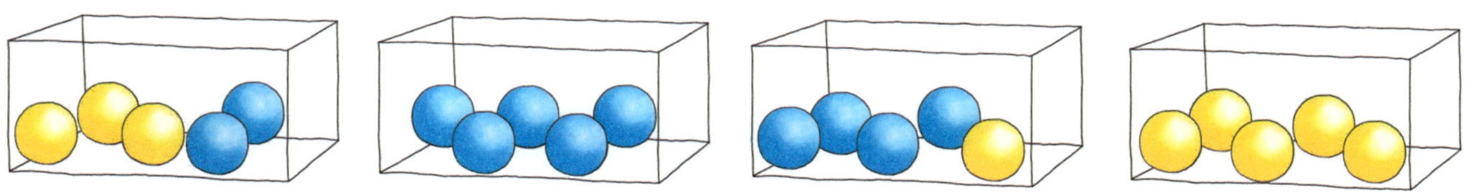

______	______	______	______

◒ 2 Färbe die Bälle, sodass die Aussagen richtig sind.

Du ziehst 🔵.

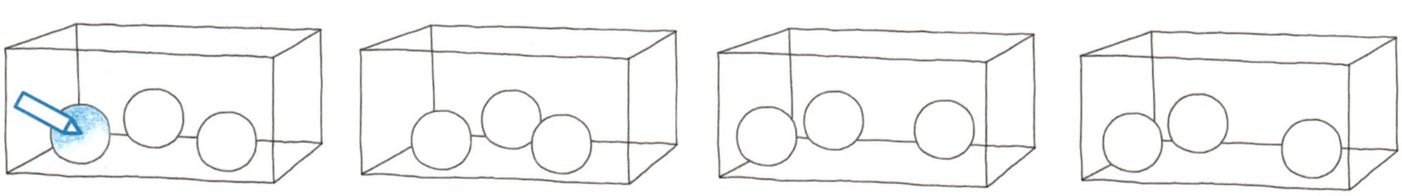

sicher	möglich	unmöglich	möglich

Du ziehst 🟡.

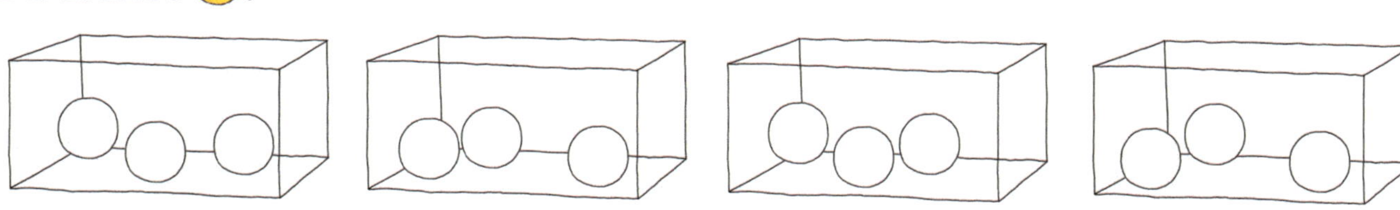

möglich	unmöglich	sicher	möglich

◒ 3 Zeichne immer 5 Bälle, sodass die Aussagen richtig sind. Du ziehst 🔵.

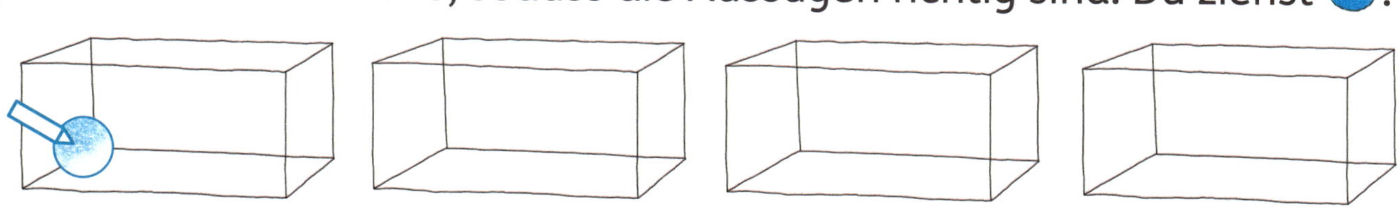

möglich	unmöglich	sicher	möglich

1 Sichere, mögliche und unmögliche Ereignisse unterscheiden. Der Rabe zieht pro Versuch immer nur einen Ball aus der Kiste.
2–3 Die Bälle jeweils blau bzw. gelb färben bzw. zeichnen, so dass die Aussagen zutreffend sind.

→ Schülerbuch, Seite 123

Uhrzeiten, Wochentage, Kalender

○ **1**

11 Uhr	___ Uhr	___ Uhr	___ Uhr	___ Uhr
23 Uhr	___ Uhr	___ Uhr	___ Uhr	___ Uhr

○ **2**

9 Uhr	16 Uhr	1 Uhr	13 Uhr	20 Uhr

○ **3** Welcher Wochentag liegt dazwischen?

Dienstag, ______________________, Donnerstag

Freitag, ______________________, Sonntag

Montag, ______________________, Mittwoch

Samstag, ______________________, Montag

◒ **4** Schau in den Kalender.

Welcher Wochentag ist es in diesem Jahr? Kreuze an.

	Mo	Di	Mi	Do	Fr	Sa	So
6. Juni							
14. Juni							
29. Juni							
2. Juli							
17. Juli							
24. Juli							

	Mo	Di	Mi	Do	Fr	Sa	So
16. März							
19. April							
30. Mai							
6. Sept.							
28. Dez.							
31. Dez.							

1 Zu den dargestellten Zeigerstellungen beide Uhrzeiten (vormittags/abends) notieren. 2 Jedes Bild mit einer passenden Uhrzeit verbinden. 3 Den jeweils dazwischenliegenden Wochentag notieren. 4 In einem aktuellen Kalender nachschauen, auf welchen Wochentag die Daten fallen und diesen entsprechend in der Tabelle ankreuzen.

→ Schülerbuch, Seiten 124 – 129

Zeitpunkt und Zeitspanne

WILLKOMMEN IM ZOO

Öffnungszeiten:

9.00 Uhr bis 18.00 Uhr

Streichelzoo:

11.00 Uhr bis 16.00 Uhr

Nächste Führung:

Fütterungszeiten:

11.00 Uhr
16.00 Uhr

12.00 Uhr
17.00 Uhr

10.00 Uhr
16.00 Uhr

Dauer jeweils 1 Stunde.

Jetzt ist es ____.____ Uhr.

○ **1** Wie lange dauert es bis zur nächsten Führung?
Es dauert ____ Stunde.

____ Stunde

Wie lange hat der Zoo geöffnet?
Der Zoo hat ____ Stunden geöffnet.

____ Stunden

Wie lange hat der Streichelzoo geöffnet?
Der Streichelzoo hat ____ Stunden geöffnet.

____ Stunden

◒ **2**

	Ende 1. Fütterung	Zwischenzeit	Beginn 2. Fütterung
Pinguine	12.00 Uhr	____ Stunden	16.00 Uhr
Löwen			
Robben			

1 Informationen aus dem Bild oben entnehmen, entsprechende Uhrzeiten in die Uhren einzeichnen, Zeitspannen berechnen und eintragen. Den jeweiligen Antwortsatz vervollständigen. 2 Ende und Beginn der Fütterungen eintragen und die Zeit, die jeweils zwischen den beiden Fütterungen vergeht, berechnen und eintragen.

→ Schülerbuch, Seite 127

Wiederholung

○ **1** Wie spät ist es? Schreibe beide Uhrzeiten und zeichne.

___ Uhr	___ Uhr	___ Uhr	2 Uhr	___ Uhr
___ Uhr	___ Uhr	___ Uhr	___ Uhr	22 Uhr

◒ **2** Rechne und setze das Muster fort.

20	20	20	
___ ___	___ ___	___ ___	___ ___
9 4 ___	8 3 ___	___ 2 9	___ ___ ___

◒ **3** Setze die Zahlenfolgen fort.

20	−3 → 17	−1 → 16	→ 13	→ 12	→ ___	→ ___	→ ___
12	→ 14	→ 10	→ 12	→ 8	→ ___	→ ___	→ ___
3	→ 7	→ 6	→ 10	→ 9	→ ___	→ ___	→ ___

◒ **4** Der Rabe möchte Luftballons nebeneinander aufhängen.
Welche verschiedenen Möglichkeiten gibt es? Färbe die Luftballons.

4 Luftballons:

4 Luftballons: Die roten hängen nebeneinander.

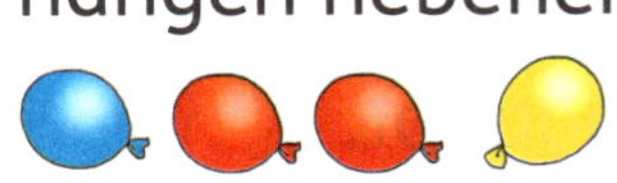

1 Beide Uhrzeiten notieren und fehlende Uhrzeiten einzeichnen. 2 Die Zahlenmauern lösen und das arithmetische Muster der Reihe erkennen und fortsetzen. 3 Die Zahlenfolgen fortsetzen. 4 Alle möglichen Anordnungen durch systematisches Vorgehen finden. **Selbsteinschätzung:** Den entsprechenden Raben am Seitenanfang ankreuzen.

→ Schülerbuch, Seiten 130/131

Knobeln mit Texten

○ 1 Wie heißen die Bären?

______ ______ ______ ______

1. Das sind Bruno, Max, Hugo und Zottel.
2. Der Bär mit der gelben Hose heißt Hugo.
3. Bruno und Zottel haben gestreifte Hosen an.
4. Bruno und Max sitzen nebeneinander.

◒ 2 Welcher Hut hat eine andere Farbe? Färbe.

Otto Leo Till Olli

1. Leo hat keinen grünen Hut.
2. Der dritte Clown von links hat einen blauen Hut.
3. Am Rand steht kein Clown mit einem roten Hut.
4. Leo steht neben dem Clown mit einem gelben Hut.

● 3 Jedes Kind hat eine andere Lieblingsfarbe.
Wer hat welche Lieblingsfarbe?

1. Eva mag rot.
2. Tom mag kein blau und kein grün.
3. Ron mag blau oder grün.
4. Ein Mädchen mag pink.
5. Ken mag kein blau.

wahr: + falsch: –

	rot	blau	pink	gelb	grün
Eva	+	–	–	–	–
Ron	–	+	–	–	+
Ina	–	–	+	–	–
Ken	+	–	+	+	+
Tom	+	–	+	+	–

1–3 Die Aussagen zu den Aufgaben aufmerksam lesen und zueinander in Beziehung setzen, um die jeweils gesuchten Zuordnungen zu finden und zu notieren / zu färben.

→ Schülerbuch, Seite 133

Rechnen und malen

○ 1